設計の科学

創造設計思考法

―失敗知識のウェブ脳モデル―

飯 野 謙 次

養賢堂

はしがき

　学会や国際会議，あるいは諸外国へ出張や旅行に行くと，私はある危機感を覚えるようになった．日本人の英語力のなさはよく知られている．2014 年では，TOEIC は 48 ヵ国中 40 位 [1]，もっと一般的な TOEFL では，アジア 30 地域中 27 位，世界では，169 地域中 138 位 [2] という惨憺たる結果だ．

　日本でも，バブル期は各企業が海外の有名大学に修士留学生を次々に送り込んでいた．給料のうえに授業料を全額，また生活費に住まいから自動車まで面倒を見てもらっていたのは真にうらやましい待遇だった．現地人枠でスタンフォード大学博士課程にもぐり込んだ私には，研究員作業の対価としての授業料免除と生活費支給は生きていくのがやっとの額であった．一学期でとれる単位数は限定されていた．他の大学院生も，アメリカ人も留学生も含めて同じように苦労して博士課程をこなしていた．博士課程まで進む日本人留学生はほとんどいなく，私は自然と，訛りはあるものの流暢に英語でコミュニケーションを行う他国籍の留学生たちと親しくなった．その一方で，食事はほとんど和食で，日本からの仲間とつるんでいた日本人留学生は，たどたどしい英語のままで課程を終了後，お国に帰っていったと思う．もちろん，中には日本人会を避けて，卒業後にアメリカに残って教鞭をとった猛者もいた．

　私が選んだ機械工学の専門課程はデザインである．いまやすっかり有名になった d. school [3] の母体である設計工学グループの中で，創造設計をみっちり叩き込まれた．このとき，スタンフォードで学年は前後したものの，私の指導教官ワイルド先生 (Douglass J. Wilde) は多くの弟子を輩出し，彼／彼女たちは世界中に散らばっていった．アメリカ国内では，U. C. Berkeley, Georgia Tech, Univ. of Michigan など，海外では韓国の

成均館大学，中国の上海交通大学，台湾の元智大学，台中大学などである．ワイルド先生については，本シリーズの第2巻，「チームづくりの数学」に詳しく書いた．d. school の活躍が世界でも注目されるいま，スタンフォード発の創造性教育はますます履修者が増えている．世界はもちろん，アジアでは，中国，韓国，シンガポールなどが熱心に学習しているし，学会での発表も多い．

　逆に，日本ではバブルが弾けて日本人留学生は激減した．国際学会では，発表はうまくこなすものの，質疑応答の段になると頓珍漢な応答をして，司会者に「では，その質問については当事者が後で話し合ってください」と諦められることが多い．そんな日本人の発表もめっきり少なくなってしまった．

　私は，2015年にはギリシアで行われた欧州品質会議に招かれ，福島原発の問題について講演を行った．1週間にわたる会議の中で，日本人は3人であった．中国と韓国からは，それぞれ10人を超すグループがディナー席を賑わしていた．集まりたがるのはアジア人の困った気質なのかもしれないが，「FUKUSHIMA の発表はよかった」と隣国の参加者に声をかけられ，団体さんを相手にひとしきり会話を交わした．訛りは強いが，意志の疎通には問題はなかった．

　私は，日本が創造性教育にあまり熱心でないのは，私たちの英会話下手と共通するものがあるのではないかと危惧している．日本人が英会話の中でも得手とするものが文法である．言語の中に規則性を見出し，それに従って主語と動詞，目的語と並べればよい．時々，形容詞や副詞が他の言葉を飾るので，それも適切な語順を教えられ，さらに名詞には適切な前置詞がある．こうして様々な状況に応じて使用したい単語の翻訳を行い，場面に応じた動詞の変化形を引っ張り出し，そのほか修飾のための言葉を集めて正しい順番で並べればよい．この教育もあって，いざ聞きとろうとすると，各単語を何だっけと翻訳してから言葉を並べ替え，

今度は自分が返したい概念を日本語にしてから，先の文法という規則に従って対応する英語を並べる．頭の中はフル稼働しているのにスピードが追いつかず，相手の話を聞き違えるし，自分の応答もしどろもどろになってしまう．

この日本の文法好きは，70年代から80年代にかけてもてはやされた日本製工業製品の高品質に共通するのではないだろうか．規則を決め，その規則に愚直に従って自分の割当てをこなしていく．ルールからはみ出すことはない．万が一でもはみ出したときに，それを捕まえるための規則もまたつくって適用する．

この品質管理から一歩抽象化して高いレベルに上ったのが「改善」である．それまで決まった工程があって，同じ目的を達するために，よりコストがかからない方法，安全な方法，製品の品質が向上する違った工程を考え出すことだ．ここまでは，日本人も得意とする分野である．いまや"Kaizen"は世界の技術者には通用する言葉になったほどだ．ただし，まったく新しい工程を編み出すことは稀で，他で行っていたやり方を適用して成果を出すことがほとんどだ．英会話でいえば，いままで使ったことのない表現を，単語と文法を駆使して正しい英文をつくり出すのと似ている．

ところが，いまや製造もその技術や品質管理のノウハウは世界中でシェアされた知識となり，どこでつくっても大体同じものができるようになった．製造は，人件費の安い場所でというのが世の潮流である．"Kaizen"も，海外の工場で実践されるようになってきた．だから，そこで勝負をしても，他に類を見ない複雑で柔軟性のない業務システムの箍を嵌められた日本に勝ち目はない．日本の優秀な改善活動は，他所では真似ができないといい気になっていた時代は終わった[4]．今後は，生産活動の上流，設計，企画，商品開発，市場開拓といった土俵で戦わなければならなくなる．

このときに必要なのが創造性である．機械工学者の場合，創造といっても，まったく新しい物理現象が引き起こすサービスを考え出すことはまずない．既知の製品や，部品，工程などにいままでにない組合せを与え，新しいサービス，すなわち新しい価値をつくり出すのが創造である．ネットビジネスであれば，プログラムを駆使して利用者に有益な挙動を提供して見せることである．先に説明した改善と違うのは，対象が規定されていないことである．改善の場合は，目標とする最終結果は決まっている．言語知識を駆使した当人にとっての新しい表現は，言い表したい概念が決まっている．そうではなく，結果がわかっていないところから始まるのが創造設計であり，価値づくり設計である．

私は，2007 年に 故 石井浩介 元 スタンフォード大学教授と『価値づくり設計』[5] を著した．同書では，新しい要求機能を決めたらそれを実現するための設計について簡単に説明し，その後，その設計の価値を高めていくための各種手法を解説した．もちろん，それら手法の適用により，自分が考えた新しい設計を修正することが必要になってくる．すなわち，設計とは "行きつ戻りつ" の反復作業である．

本書では，創造設計の最初の段階である機能解析による思考展開図[6] 構築について詳しく解説する．畑村学派では，この設計思考履歴を表す図を "思考展開図" と呼ぶが，故 石井教授のスタンフォード大学，生産性工学研究室では，"機能の木・構造の木"[5] と呼んでいた．思考展開図を表現するいい英語はなく，"Thinking Process Diagram" を訳語として使っているが，英語では "Design Record Graph" がしっくりくる．また，石井学派が最大要求機能と呼ぶ製品の要求機能は，明示的にその分解法が示されていた．本書でもその分解法を踏襲するが，本書は日本語で書いているため，設計思考履歴の図は思考展開図と呼ぶ．

本書では，また新しい試みとして，これまで書き込まれることがほとんどなかった「人による操作や判断」を思考展開図に積極的に書き込ん

だ．これは，本書が失敗学を創造設計に積極的に組み込み，創造設計をより効果的に進める，すなわちすばやく有効解にたどり着くことを目指すためである．失敗事例を考えるときに，ヒューマンファクターを除外することはできない．また，創造設計で設計者が採用したすべての設計要素と，事故事例を集積した知識ベースに記録されている失敗要素（失敗の軌跡）を自動的に比較するには，ヒューマンファクターは教訓として扱うだけではなく，解析のメカニズムに取り入れなければならない．

創造と失敗は表裏一体である．失敗なくして創造はないし，創造活動をすれば，失敗は付き物である．本書は，創造設計に挑戦する者が，ウェブ技術を利用して他所で得られた失敗知識を活用し，有効な設計解を見つけるための手法を解説するものである．

日本は，世界に誇れる歴史と文化を所有する国である．それを継承する活動に従事する人は，世に対する貢献は大きいし，私たちに感動を与えてくれる．しかし，高等教育において工学を志す進路を選んだ者は，製品，サービス開発という厳しい世界との競争に，否応なく参加しなければならない．そこでは，過去のやり方を踏襲していては競争に負ける．受験勉強と硬直した社会システムに蝕まれた創造性を，一人でも多くの人が取り戻し，効率よく発揮して世界の工業界リーダーの一人として，将来も存在し続けることを願う．

2016 年 6 月

飯野 謙次

<h1 style="text-align:center">目　　次</h1>

第 1 章　失敗学要説 ··1

　1.1　失敗学とは ···1

　　（1）　失敗の意義 ···2

　　（2）　失敗は隠れたがる ···2

　1.2　なぜ失敗に学ぶか ···4

　1.3　失敗教訓の伝達 ···5

第 2 章　失敗知識データベース ····································9

　2.1　データベースの効用 ···9

　2.2　失敗知識データベースの事例情報 ······························12

　2.3　失敗のシナリオと失敗まんだら ································12

　2.4　失敗事例の代表図 ··21

第 3 章　失敗を克服する ··23

　3.1　失敗防止に役立たない注意力喚起 ······························25

　3.2　失敗防止には創造的解決の導入 ································27

第 4 章　創造性をはぐくむ ··28

　4.1　手書きイラストの効用 ··29

　4.2　視覚思考（Visual Thinking） ··································32

第 5 章　設計課題を見つける ······································38

　5.1　実際に体験する ··38

　5.2　設計課題を発見する ··43

　5.3　要求機能の明文化 ··45

- 8 -   目　次

第6章 創造性を生み出す ……………………………… 48

6.1 ブレーンストーミング ……………………………… 48

6.2 思考展開図－分析 ……………………………… 55

6.3 目に見えない要素 ……………………………… 58

6.4 思考展開図－創造 ……………………………… 67

（1）モノレール式 ……………………………… 76

（2）椅子固定クランプ ……………………………… 76

（3）平時たたみ込み式 ……………………………… 76

（4）ラッチストッパ ……………………………… 77

（5）持上げレバーとラックレール ……………………………… 77

6.5 プロトタイピング ……………………………… 80

（1）パネルボード ……………………………… 80

（2）アクリル板，塩ビ板 ……………………………… 81

（3）木　材 ……………………………… 81

（4）おもちゃ ……………………………… 81

（5）電気部品 ……………………………… 81

6.6 アイデアを確認するテスト ……………………………… 82

第7章 失敗知識活用設計法 ……………………………… 85

7.1 失敗の軌跡 ……………………………… 86

7.2 機能と構造の記述要素の抽象化と階層化 ……………………………… 91

7.3 知力補完計画 ……………………………… 97

参考文献 ……………………………… 113

索　引 ……………………………… 117

あとがき ……………………………… 119

第1章 失敗学要説

　西暦 2000 年 11 月，『失敗学のすすめ』[6) が出版された．福沢諭吉の『学問ノススメ』にかけた書名だが，立花 隆さんによる失敗学という新しい言葉が人々に新鮮な印象を与えた．それまでは，「失敗」というと，仕事に失敗，作戦に失敗，恋愛に失敗というように，やってはいけないこと，人間の諸事活動において裏目に出たこととなどネガティブなイメージしかなかった．それに学ぶという意味の「学」の字をつけたとたん，失敗はしたけれども，それに学んで次は成功させるというポジティブな感覚が生まれた．

　失敗に学ぶという概念そのものは新しくはなかった．失敗学の成り立ちを説明するときによく引き合いに出される 1996 年出版の『続々・実際の設計』[7) は，副題そのものが『失敗に学ぶ』だったし，「他山の石」の語源，「他山石可以攻玉」は遠く紀元前に中国で編集された『詩経』の中の言葉である．日本でも，「人の振り見て 我が振り直せ」は古くからいわれていることわざだ．

　そういった古くからの格言と少し違うのは，失敗学は，もちろん他人の失敗に学ぶのは重要とするが，己の失敗にも学ぼうと謙虚な自己反省も含めた教えである．まずは，失敗学が何を教えようとしているか，その基本を復習した後，それが特に現代社会に生きる私たちにとってなぜ重要なのかを解説し，その効果的な習得について解説する．

1.1　失敗学とは

　失敗学の基本を学ぶには，もちろん『失敗学のすすめ』を改めて一度読

むのがよい．いくつかの事例を交えて非常にわかりやすく失敗学を説明
している．その中でも，特に本書が目的としている「失敗知識を設計に生
かす」手法の確立に重要な概念を解説する．

（1）失敗の定義

　失敗とは，人が意図して行ったことが，意図に反して当人にとってマ
イナスの結果が現れることである．ここで重要なのは，「人の意図」があ
ることと「当人にとってマイナス」の結果である．たとえば，誰も住まな
い山奥で，強風で煽られた大木が倒れても，これは失敗とはいわない．
「当人にとって」というのは，極端な話，テロや犯罪など，反社会的意図
をもった人が行動を起こした場合，それが成功して社会が被害にあって
も，犯罪やテロ行為を行った当人にとっては成功である．ただし，視点
を変えて社会から見た場合，そのような反社会的行為を抑えたい意図は
あるのだから，社会にとっては失敗である．

　サッカーの試合で日本チームが得点すれば，日本にとっては成功だが，
相手チームには失敗である．同じ業種のライバル会社が新製品を開発し
て大ヒットすれば，そのライバル会社には成功だが，自分たちにとって
は製品開発において後塵を拝したという失敗である．

　このように，視点によってことが成功であったか失敗であったかは変
わるのだが，本書では基本的に社会という大きな視点から考える．利益
を追求するあまり，その製品に安価な，しかし有害な成分を知りつつ使
用した企業があったとして，そのことが何かのきっかけで社会に露呈し
たとき，事実を隠そうとした企業は隠蔽に失敗したのだが，その情報の
漏洩は社会にとってはよかったといえよう．ただし大きな視点からは，
有害物質をわからぬように使用して利益を増やそうとした企業が出たこ
とが社会の失敗である．

（2）失敗は隠れたがる

　誰しも失敗はやりたくない．特に自分が組織の一員であれば，失敗が

露呈したとき，大きな失敗であれば処罰の対象となることもある．それほど影響が大きくなくとも，給料の査定に響く，社内の評判が落ちる，口さがない人々のゴシップネタになるなど，毎日会社に通うのも嫌になることにつながりかねない．そのため，自分の失敗に他人が気づいていないときは，それを隠そうとするのは人間にとって自然の反応である．

人の上に立つ者の場合も，自分の失敗はもちろん，部下の失敗をも隠そうとする．動機は同じで，自分の管轄範囲内の失敗は自分の失敗であり，出世競争に影響を及ぼすことだってある．組織の中では，とかく失敗は隠れたがる．

失敗に関する情報が隠れてしまうのは，組織にとっては大きなマイナスである．失敗が発現した状態において，そこから最良の手段をもって修復をしたいからである．その修復は，当該組織が一丸となってベストの対応をとるのがよい．

人間の特性から，放っておくと隠れてしまいがちな失敗だが，全体の損失を最小限に食い止めるべく，詳細な情報を全体で共有し，対策を講じる下ごしらえには，失敗の当事者による説明が不可欠である．この本人の心情からは言いたくない状況説明を本人から進んで行うようにするには，そうすることが得になるような組織体系を醸成するしかない．

たとえば，

- 失敗は必ず知れてしまう．いずれわかってしまうものなら，早いうちにそのことを周りに開示したほうがよい．すなわち，後から隠していたことが露呈したときの罰則が本人にとってはるかに大きくする．
- 大きな失敗であるほど，組織全体で当たらなければいい対応はできない．組織の中の自分の立場を犠牲にしてでも，組織の痛手を最小化すべく情報を共有化して組織で対策を考える．

誰も失敗をやろうとして起こすものではない．発現してしまったものは，意図したわけではないが，その時点で情報の隠匿を行うのは意図し

た悪行である．そのときに，情報を開示して組織の損傷を少なくする努力は，組織にとってプラスである．

このような考え方を経営層も含めて組織全体でもてるようになれば，メンバーが組織内での保身を意図して隠蔽に走ることもなくなるだろう．上に立つ者も，失敗の原因をつくった部下を叱りつけたくなるものだが，その部下が失敗の原因をつくったことは，自分の教育，指導の責任でもあることを認識し，当人が自分の心情を抑えて組織のために自分のミスを開示したことは，自分よりも組織の利益を意識していることを理解しなければならない．

1.2 なぜ失敗に学ぶか

「失敗は成功のもと」あるいは「失敗は成功の母」とよくいわれる．失敗をしてそれに学び，次には同じ失敗を避けることで成功に結びつく．あるいは，創造はいきなりできるものではなく，幾度となく失敗を重ねていくうえで目標に関する体系的思考ができ，やがて成功に結びつく．古くから伝わる格言には，解釈が二つあるということだ．

一つは，学習に失敗は付き物で，自分自身で失敗をすることで，次はどうすればその失敗を回避し，自身の活動をどう修正すればよいか考え，実行することを繰り返して上達することができるということだ．ゴルフのストロークにたとえればわかりやすい．初めてドライバーを手にした人がいきなり 300 ヤード越えを打つことはなく，素振りに始まって，どこで力を込めるか腰の使い方を学び，ボテボテのゴロを打ったり，意図せぬスライスを打ったりしながら上達していく．プロのスイングは，上達への動機づけにはなるが，それを幾度も繰り返し見ているだけでは自分のものとすることはできない．また，レッスン書を 100 回読んでも上達はしない．自分で打ってはがっかりし，少しずつ修正をしながらやが

てコンスタントに意図した方向にボールを運ぶことができるようになる.

「失敗は成功のもと」のもう一つの意味は,創造的活動は,設計にしろ,企画にしろ,いままでにない新たなことへの挑戦なのだから,最初は失敗するのが当然である. このとき,失敗を恐れて挑戦をやめたり,失敗のないわずかな工夫を重ねるだけの活動を続けても,新たな創造はできない. 本書では,「失敗は成功のもと」をこちら後者の意味で扱う.

1.3 失敗教訓の伝達

製造業だけを取り上げても様々な失敗がある.

- 設計計算のミスででき上がった製品の一部に強度不足があり,しばらくの使用で簡単に壊れてしまった
- 製造工程で,図面に指定された以外の安価な材料を使用したら,すぐに劣化して製品自体が使えなくなった
- 下請け工場の製作精度が悪く,でき上がった製品の半分も市場に出せなくなった
- アフターサービスで,新製品に古いモデルの部品を流用したら合わなかった

など,実に多くの事故事例,失敗事例があり,その一つ一つから私たちが学ぶことは多い.

失敗事例があれば,必ずそこから得られる教訓がある. 学ぶ人にとっては,事例そのものと同じ体験に遭遇する確率は小さく,教訓を身につけて同じような場面に出くわしたときにその教訓を活かしたいのである. ところが,教訓そのものを人に伝え,受け手の意識深層部に埋めるのは簡単ではない.

たとえば機械設計では,その機械の組立て性を考慮しなければならない. ところが,組み上がった状態の2次元の3面図をそのまま見ている

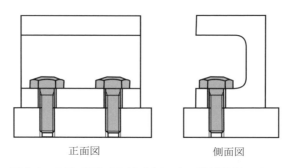

正面図　　　　　側面図

図1.1　2次元図では気づきにくい機械設計のミス
　　　　例 ― 設計図

だけでは，気づきにくい設計のミスがつくり込まれることがある．

　図1.1を見てみよう．四角い板の上にコの字型の部材をねじ2本で固定した簡単な構造である．一見かっちりした良い設計のようであるが，いざ組立ての段になって唖然とする設計である．

　図1.2に，この問題を示す．四角板の上にコの字鋼を乗せ，設計図どおりの六角ねじをもってきて所定の位置に入れようとしても入らない．設計者にしてみれば，目が点になり，冷や汗が背中を伝う瞬間である．このとき，設計者の頭には，まずしまったという思いが走るが，慌てながらも，この状態からどう復帰しようかと忙しくジグザグ思考が始まる．

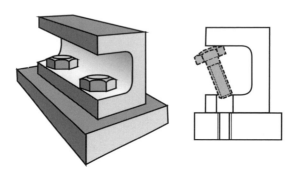

図1.2　2次元図では気づきにくい機械設計のミス
　　　　例 ― 3次元図と組立ての問題

まず，考えつくのがねじをもっと短くしようということだろう．この事例の場合，運よくねじがぎりぎりで引っかかってしまったので，短くすることで解決しそうである．しかし，有効ねじ部も短くなるので，強度計算をし直すことになったり，組立て性を考えて，せっかくすべてのねじ長さを揃えたのに，この 2 本だけ短いというはなはだ厄介な設計になったりする．

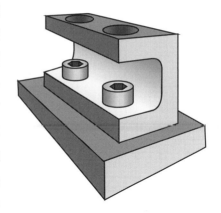

図1.3　機械設計ミスからの復帰例

　もっともこの場合，**図1.3** のようにねじ頭部を少し小さい六角穴付きボルトにすることで問題が解決したり，さらにコの字鋼の上板にねじを通すための穴を開けたりと，ほかにも解決はある．設計者が，最初から考えてねじ用のバカ穴を指定していれば格好はつくが，後からの付け足しではかっこうが悪い．実際の世の中で市販されている機械を分解してみると，組立てのために後から空けたバカ穴が結構ある．組立て時のねじの組付けに限らず，工具のアクセス，溶接用トーチが適切な位置にくるかどうかなど，機械設計者は組上がりの姿だけではなく，組立ての工程も一つ一つ考えながら自分の設計の適性を評価しなければならない．

　機械設計の教育では，組立て性を説明するときには，このように例を挙げ，受講者が問題を頭に思い浮かべることができるように教えていく．問題が見にくい 2 次元設計図と，そのとおりにでき上がった部品が組み立たない実物を手にとることができれば，なお効果的である．

　失敗事例の学習も，まったく同じである．事例に学ぶのは，そこから得られる教訓を修得し，同じような失敗を繰り返さないよう，自分や組織を戒めることである．学んだ事例とほとんど同じ状況に遭遇して驚く

場合も稀にあるかもしれないが，目的は似たような状況において判断をしなければならないとき，失敗につながる誤った方向を向かないよう，教訓を知恵として自分のものとしておくことである．

伝えたいのは知恵であるのに，知恵そのものは伝わらない．知恵を伝えるには回り道だが，具体的な事例を受け手が疑似体験できるように詳細に伝え，その受け手が自分の中で得た情報を昇華し，今後の失敗回避に有効な知恵を自分の中で生み出すことができるよう仕向けるのである (図1.4)．

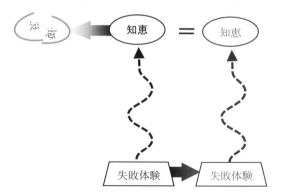

図1.4　知恵そのものは伝わらないが，体験を伝えると受け手が同じ知恵を生む

失敗学演習1：失敗事例記述

自分，もしくは自分の周りで起こった失敗について記述し，手書きのイラストを添えよ．記述には，いつ，どこで，という情報を書き込むこと．また，その事例から自分が得た知恵も書き添えよ．

≪解説≫

いつ，どこで，という情報は事例の記録には重要である．最近のウェブ情報で困るのは，月日が書いてあっても何年のことはわかりにくいことである．記録時は当前でも，年から書き始めるのがよい．また場所も，自宅，実家等，他人が特定できない記述ではなく，行政区を市町村程度まで書き込むのがよい．ただし，個人を特定できる情報は避けなければならない．

どこかで起こった事故を題材にするのは，ウェブ情報が豊富な今，コピーペーストで課題をこなすことを誘発するので避けたい．

手書きイラストの効用は，3.1節で解説する．

第2章　失敗知識データベース

　失敗知識データベースは，独立行政法人 科学技術振興機構の事業として 2001 年 4 月から情報収集が開始され[8]，2005 年 3 月に一般公開されたデータベースである．2011 年 4 月からは，畑村創造工学研究所がアドレス（www.sozogaku.com/fkd）として引き継いでいる．

　このデータベースは，19 世紀終わりから 21 世紀にかけて，日本での事例を中心に世界の工業界でよく知られたものも含めて 1000 件以上の事故について，概要のほか，事象，経過，原因，対処，対策，知識化を，事例によっては背景要因，後日談なども記述したものである．さらに，それら事例の中から工業設計者はよく知っておくべき教訓を教える事例を 100 個あまり選び出し，失敗百選として詳述している．この事業の統括は畑村洋太郎であった[8]．失敗百選という うまいネーミングは中尾政之による[9]．

2.1　データベースの効用

　高校生だった Tim Berners-Lee が考えた基本構造が，WorldWideWeb の企画書となったのが 1990 年 11 月である．世界初のウェブサーバー，ウェブブラウザーがデビューしたのは，それから 1 年も経たない 1991 年 8 月のことであった[10]．当初は，この仕組みを使って情報を公開，取得する人は少なかったが，爆発的社会現象のきっかけとなったのは，イリノイ大学 アーバナ・シャンペィン校が開発，1993 年に発表したブラウザ，モザイク（Mosaic）である．この開発資金の拠り所は，アメリカ合衆国 上院議員 アル・ゴア（Albert Gore, Jr.）により提出され，1991 年 12

月9日にブッシュ大統領（George H. W. Bush, George W. Bush の父親）が成立させた 1991 年の高性能情報処理法〔High Performance Computing Act of 1991 (HPCA)〕であった．後にクリントン大統領体制下で副大統領となったゴアは，情報スーパーハイウェイ（Information Superhighway）構想を推し進めた〔以上，主に 11) より〕．

　インターネット（Internet）あるいはネット，それとワールド・ワイド・ウェブ（World Wide Web）あるいは単にウェブ（Web）は，よく混同されて使われている言葉であるが，インターネットは複数のコンピュータが相互につながった状態，ウェブはインターネット上で動作する Hypertext Transfer Protocol (HTTP) というプロトコールを介して文字，音声，画像などの情報を交換する環境である．インターネットはハードウェアプラットフォーム，ウェブはそれに乗っている一つのソフトウェア環境と考えればよい．日本では，インターネットのことを単にネットとも呼ぶが，英語では Net というと，もっと一般的な網という意味になるので注意したい．

　インターネットとウェブは，私たちの生活様式を大きく変えた．いまや電車やエレベータに乗ると，特に 10 代後半から 30 代は，スマートフォン片手に画面に見入ったり，指を忙しく動かして情報を受けたり，つくったりしていることが多い．より高い年代も侵食され始めている．私自身，この原稿のタイピングは，仮想デスクトップの横にブラウザ画面を置き，インターネットにつながった状態で，ブラウザの検索機能を駆使し，また漢字変換を確認しながらである．こうしている間も，友人から電子メールが届くと，私のコンピュータは音声を発して知らせてくれ，内容によっては作業を一時中断して応対をしなければならない．

　こうして，インフォーメーションエイジに生きる私たちは，パソコンやスマートフォンという指と目，時には耳の使用を余儀なくされる稚拙なインターフェースを駆使しながら，膨大な量の情報を扱えるようにな

った.

　一方で，私たちが人間として脳内で保持しうる情報は古代人とさほど変わらない．むしろ，情報機器を持たなかった昔の人のほうが，駆使していた記憶量は多かったかもしれない．アドレス帳付き携帯電話が普及する前は，人は 10 や 20 の電話番号は記憶していたものだ．いまの人に聞いてみると，110 番や 119 番以外は自分の電話番号さえわからないことが多い．

　ウェブには，わからないときにスマホを引っ張り出して，目的とする情報を引き出す行為の弊害を取り沙汰する記事もある．雑談をしていて，「あの女優さんの名前何だっけ？」に続いて，「グーグル先生に聞いてみよう！」というあれである．これが人間の脳に対して悪影響を及ぼすかどうかは本書で考えないが，確実にいえることは，長方形断面の片持ち梁の一端に既知の加重をかけたときに生じる端部の たわみ量は， 20 年前は材料力学の教科書を引っ張り出すか，それが手元になければしばらく計算式を展開していたが，いまではウェブにつながる機器が手元にあれば，1 分もかからずに答えを得ることができる．断面が中空円筒などと，大学院の受験勉強でしかお目にかからない条件でもすぐに答えが出てくる．

　ここまでは，情報を使用しようとする主体が，一度でも意識した過去の記憶を呼び覚ます，あるいは複雑過ぎて覚えていられない規則（方程式や漢字など）を提示してくれる脳支援をウェブが行ってくれるのであるが，ウェブマジックの効力はもっと莫大である．たとえば，『円筒 事故』で検索をかけると，円筒形状の機械部品が過去に起こした事故や問題の情報が出てくる．もちろん，主体が何年も前に聞いていた遠い記憶を呼び覚ますこともあるが，羅列される見出しは初耳の事例であることが多い．これは，明らかに記憶の支援ではなく，ワールド・ワイド・ウェブという情報の宝庫を対象にした情報抽出の支援である．

12 第2章 失敗知識データベース

2.2 失敗知識データベースの事例情報

失敗知識データベースプロジェクトは，その成果が公開された2005年3月以前より情報収集が開始された．当時はセマンテックウェブの考え方が浸透していなかったものの，すべての事例を共通項目に沿って編集しようと，先見の明を持って情報が収集された．

表2.1 (p.14, p.15) に，失敗知識データベースから，2008年に発生した『東京ビッグサイトエスカレータ逆走』について掲載されている事例情報を示す．表中太線で囲まれた部分が全事例について必須の項目である．それ以外，表の下部には「あれば」記録する項目が並んでいる．表中，以下項目は補足説明を要する．

- **発生地と発生場所**：事例が発生した行政区は，読み手にとって重要な情報である．発生地には行政区，発生場所には読み手が情景を浮かべやすいよう，場所を記述する．
- **対処と対策**：対処は，事故発生直後にその影響を軽減する目的で行ったこと．対策は，しばらくの時間経過の後，同じ事故が発生しないよう考えて行ったこと．
- **マルチメディアファイル**：読み手の理解を助けるために，写真，イラストがあればデータベースサーバーに置いて，そこにリンクを張った．

2.3 失敗のシナリオと失敗まんだら

失敗知識データベースには，表 2.1 に示していない重要な要素が二つある．失敗のシナリオ（以下，単にシナリオとも呼ぶ）と代表図である．シナリオを説明するには，まず失敗まんだらを理解する必要がある．

失敗には原因があり，人の行為があり，そして失敗の結果に至ったという一連の成り行きがつき物である．そこで，この成り行きを『原因』，

『行為』，『結果』の三つの部分に分ける．もちろん，行為が次の原因を生んだり，結果が次の原因や行為を生んだりと，連鎖的に複雑な経過をたどる事例もあるが，そういった複雑な事例の成り行きの記述を阻害しないで，それぞれ原因，行為，結果の三つの部分を記述することを考える．

まず原因を記述することについて考えよう．このときに，人によってそれぞれが自分の言葉で違った事例を記述すると，複数の失敗原因の共通性は，人が各記述を解読して共通点を探すしかない．そうではなく，失敗原因はその上位概念をまず見つけ出し，そこから徐々に各事例の具体的原因に落とし込んでいくことにする．このとき，上位概念の 2 階層目までは，限られた言葉（キーフレーズ）の中から選択する．そうすることで，複数事例の原因共通性は，人が記述を読んで解読する必要はなく，各事例について原因のシナリオを定義しておけば，原因の記述にどのキーフレーズを使用したかで自動的に調べることができる．

原因シナリオを記述するに当たっては，第 1 と第 2 上位概念は，与えられたキーフレーズから選ぶことになるので，これらキーフレーズの決定については責任重大である．対象とする分野について，たとえば失敗知識データベースでは，工業界について考えうるすべての失敗の上位概念を網羅していなければならない．こうして 参考文献 7) の機械設計の失敗原因から出発し，失敗知識データベースプロジェクトは，図 2.1 (p.16) に示す失敗原因の上位概念 2 層のキーフレーズ群にたどりついた．

第 1 階層は，図 2.1 の中央の『失敗原因の分類』とあるノードに直接アークでつながった 10 個のキーワードである．すなわち，7 時の位置にある『無知』に始まり，『不注意』，『手順の不遵守』，『誤判断』，『調査・検討の不足』，『環境変化への対応不良』，『企画不良』，『価値観不良』，『組織運営不良』，『未知』の 10 個である．無知から時計回りに回って組織運営不良に至るまで，個人の責任が重い原因から組織の責任が重い原因の順に列挙されている．

表 2.1　失敗知識データベースによる『東京ビッグサイトエスカレータ逆走』の記述

事例名称	東京ビッグサイトエスカレータ逆走
事例発生日付	2008 年 8 月 3 日
事例発生地	東京都江東区有明
事例発生場所	東京国際展示場（東京ビッグサイト）
事例概要	東京ビッグサイトのエスカレータにおいて、定員以上の乗客が乗り込んだため、ガクッという音とショックの後、エスカレータは停止し逆走した。客たちは、エスカレータの乗り口付近で仰向けに折り重なるように倒れ、10 人がエスカレータの段差に体をぶつけ、軽い打撲のけがをした。エスカレータは、荷重オーバーで自動停止し、さらにブレーキも効かず逆走・降下した。ただ、荷重オーバーによる停止を超えてブレーキ能力に限界があり逆走が発生したので、エスカレータの機構にも問題がある可能性も考えられる。また、エスカレータの逆走により、きわめて高い密度で乗り口付近で皆後ろ向きに倒れたことから、「群集崩れ」が発生したとも考えられる。
事象	東京ビッグサイトのエスカレータにおいて、定員以上の乗客が乗り込んだため、ガクッという音とショックの後エスカレータは停止し、さらには逆走・降下した。客たちは、エスカレータの乗り口付近に折り仰向けに倒れ、10 人がエスカレータの段差に体をぶつけ、足首を切ったり、軽い打撲のけがをした。
経過	東京ビッグサイト 4 階で開催されるアニメのフィギュアの展示・即売会場に直結するエスカレータにおいて、開場に当たり警備員 1 人が先頭に立って誘導し、多くの客がエスカレータに乗り始めた。客たちは、先を争うようにエスカレータに乗り込んだが、先頭は警備員が規制していたため、エスカレータの 1 段に 3 〜 4 人が乗るほどのすし詰め状態となった。 先頭が全長 35 m の 7 〜 8 割ほどまで上がったところで、ガクッという音とショック・降下し、エスカレータは停止し、その後、下りエスカレータよりも速い速度で逆走・降下した。客たちは、エスカレータの乗り口付近で仰向けに折り重なるように倒れたり、エスカレータの段差にぶつけ、軽い打撲のけがをした。周囲の人々が、倒れた人を引き起こしたり、移動させるなどの救助に協力した。関係者が異常に気づき、緊急停止ボタンを押したり、逆走により乗員が減ったことからブレーキが効き始め、逆走は停止した。

原因	このエスカレータは、荷重制限が約7.5t、逆送防止用ブレーキ能力の限界が約9.3tであったのに対し、事故当時は約120人が乗車したことから、逆送防止用ブレーキとブレーキ能力の限界荷重をもオーバーし、さらにブレーキも効かず逆走・降下しました。ただ、荷重制限とブレーキ能力の限界までには、1.8t（＝9.3t−7.5）の余裕があるはずなのに、停止しですぐ逆走したことから、エスカレータの機構にも問題がある可能性もある。また、1段当たり3〜4人乗車しており、「人口密度は8.6人/m²にも達している。さらに、皆、後ろ向きで乗り口付近で折り重なるように倒れ、人口密度は増大し、「群集雪崩」が発生したことがけが人発生の原因である。周囲の人々の救助が功を奏したのと、被害者がほとんど若者だったので、軽傷程度のけがですんだ。
対処	事故を起こしたエスカレータは閉鎖された。警視庁は、モータなどを押収し、電気系統のトラブルについても調べるとともに、事故当時、エスカレータに何人乗せていたのか関係者から聴取した。
対策	国土交通省は、都道府県と業界団体「日本エレベータ協会」に対し、集客施設に設置されたエスカレータに対し、 (1) 運営実態を把握し、設計以上の積載荷重にならない (2) 特に、イベントなどで第三者に利用させる場合、適正な管理を確保させる などを求める通知を出した。
知識化	エスカレータに定員があることすら知らない人が多い。定員表示や過積乗防止PRの徹底の必要がある。一方、エスカレータとしても、逆送防止のブレーキ能力を上げ、荷重オーバー時の停止から逆走に至る間の余裕を拡大させるなどのより、安全サイドに立った構造にすることも必要である。
背景	エスカレータのかけ上がりによる事故防止ばかりに目をとられ、エスカレータの乗り込みを規制しなかったため、エスカレータの定員オーバーを誘発したこと。警備員が乗車の先頭に立ち、荷重オーバー時の乗り込みを規制しなかったこと。警備員にも、エスカレータの定員に関する知識が欠如していたと考えられる。
後日談	
よもやま話	
情報源	http://www.youtube.com/watch?v=SWVDRvdOkaw
死者数	0
負傷者数	10
社会への影響	
全経済損失	
マルチメディアファイル	
備考	事例ID：CZ0200907
分野	その他
データ作成者	

16　第2章　失敗知識データベース

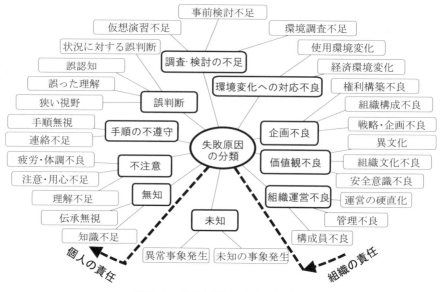

図 2.1　失敗原因の まんだら図

　第 2 階層は，各第 1 階層のキーフレーズからアークでつながった 2 個から 4 個のキーワードであり，合計 27 個ある．失敗学では，図の 6 時の位置にある『未知』と，その下位の 2 つの第 2 階層キーワードが原因である場合だけ許される失敗と考える．なぜ未知が許される原因か，それと合わせて合計 37 個あるキーワードの解説は参考文献 12) に詳しいので参照されたい．

　以上，10 個の失敗原因第 1 階層のキーワードと，27 個の失敗原因第 2 階層のキーワードを 図 2.1 のように配した図が，仏教の世界観を表現した『曼荼羅（まんだら）』に似ているため，失敗原因の まんだら図と呼ぶようになった．失敗の行為と結果についても，それぞれ まんだらが同じように定義されている [12]．

　行為と結果の まんだら図は，事例の分類以外に有効な活用は見つかっていない．それに対して失敗の原因は，そもそも失敗発現の出発点であるから，失敗対策を打つには，原因を特定しなければ始まらない．その

とき，この まんだら図が大いに役に立つ．失敗原因の まんだら図を指して単に失敗まんだらと呼ぶこともある．

図 2.1 に登場するフレーズを通常の階層構造表示をすると，**表2.2** のようになる．学術書の目次，ウィンドーズのフォルダ階層，電子メールの整理などですっかりおなじみの階層表示である．次々に現れる情報を，逐次 最適の引出しを一つだけ見つけてそこに収めるなら，この整理法に軍配が上がる．その理由の一つには，上位から順に同じレベルに並んだフレーズから最も当てはまるものを一つだけ選び，次にそのフレーズの下位に並んだ言葉から一つ選びという行為を末端の階層まで繰り返せばよいからである．ウィンドーズで，目標とするファイルが 1 個あったとき，最上位のドキュメントフォルダが閉じている状態から，順に最も関係のありそうなフォルダを次々に開けていくのを思い浮かべればよい．

もう一つ，表 2.2 の階層構造表示の利点は，どのレベルであれ，新たな引出しをつくらなければならないとき，簡単にターゲットのレベルに新たに引出しを追

表2.2 ウィンドーズのフォルダ表示に倣った まんだらフレーズの階層表示

失敗原因の分類	
無知	知識不足
	伝承無視
不注意	理解不足
	注意・用心不足
	疲労・体調不良
手順の不遵守	連絡不足
	手順無視
誤判断	狭い視野
	誤った理解
	誤認知
	状況に対する誤判断
調査・検討の不足	仮想演習不足
	事前検討不足
	環境調査不足
環境変化への対応不良	使用環境変化
	経済環境変化
企画不良	権利構築不良
	組織構成不良
	戦略・企画不良
価値観不良	異文化
	組織文化不良
	安全意識不良
組織運営不良	運営の硬直化
	管理不良
	構成員不良
未知	未知の事象発生
	異常事象発生

18 第2章 失敗知識データベース

加すればよい．このように，逐次 現われる要素を適切な引出しにしまわ
なければならない，あるいは新たな引出しをつくらなければならないと
き，まんだら図の形で階層が提示されたら，誰しも戸惑うだろう．

　では，失敗事例の原因分析をするときはどうだろうか．失敗学会の失
敗年鑑 13) では,分析した各事例について同定された第1, 第2レベルの
キーフレーズをハイライトして示している．それらを見ると，一連の第
1, 第2レベルのキーフレーズが原因であることはまずなく，複数の第1,
第2レベルキーフレーズが原因であることが多い．つまり，この失敗の
原因は，この引出しというようなデジタルな判定ではなく，もっとアナ
ログな,たとえば この第1, 第2レベルペアが一番大きな原因であるが，
ほかにも原因の一端をつくった別の第1, 第2レベルペアがあるというよ
うな場合が多い．このようなアナログ思考を行うときは，まんだら図の
ほうが階層図より分析者の思考を助けてくれる．

　表 2.1 に示した例では，事例の著者は，失敗まんだらからエスカレー
タ逆走の原因を ［組織運営不良］–［管理不良］と［無知］–［知識不足］の2組
の第1, 第2レベルのキーフレーズとしている．この2組のキーフレーズ
の連鎖が，失敗原因のシナリオである．**図2.2** に，失敗年鑑に倣ってこ
れらをハイライトした図を示す．場合によっては，第2キーフレーズに
続けて，第3, 第4レベルとシナリオを延ばしてもよい．実際，第3レベ
ルのキーフレーズ統一も失敗知識データベースプロジェクトで検討され
たが，一つの分野でも明らかに意味が違うキーフレーズ候補が多数にな
り，ましてや分野をまたいで第3レベルのキーワードを統一するのは現
実的ではないことがわかった．

　上記で原因部分のシナリオが定義され，続けて，行為，結果も同じよ
うに第1, 第2キーフレーズ，必要であれば自分で下位のフレーズをつな
ぎ，失敗の原因，行為，結果を一連のキーフレーズの連鎖として表現し
たものが失敗のシナリオである．表 2.1 の事例の著者が定義したエスカ

2.3 失敗のシナリオと失敗まんだら　19

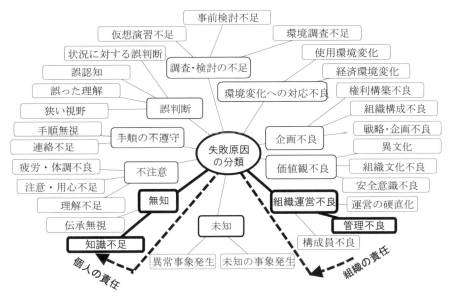

図 2.2 エスカレータ逆走事故の原因分析

レータ逆走事故のシナリオに，わかりやすいように私が第 3 レベルをいくつかと，行動のシナリオを加えたものが以下のとおりである．

- 原因：[組織運営不良]−[管理不良]−[無知]−[知識不足]−[アニメに殺到]−[定員知らず]
- 行動：[使用]−[輸送・貯蔵]−[人移動]−[定常動作]−[危険動作]−[定員オーバー]
- 結果：[機能不全]−[システム不良]−[エスカレータ逆走]−[身体的被害]−[負傷]

では，失敗原因を考えるときに，表 2.1 の原因フレーズの階層表示を見て行うより，図 2.1 の まんだら図を見て行うほうがやりやすいのはなぜだろうか．

私たち人間が，一つの失敗事例についてその原因を考えようとするとき，その思考はこの原因，あの原因とジグザグ思考を行う．参考文献 14)で畑村が示した設計のときの人間の思考と，脳の動きが非常に似ている

第 2 章　失敗知識データベース

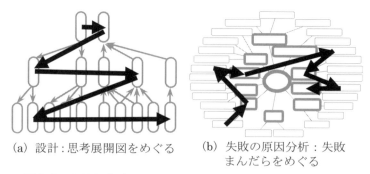

(a) 設計：思考展開図をめぐる　(b) 失敗の原因分析：失敗まんだらをめぐる

図 2.3　設計と失敗の原因分析における思考のジグザグ運動

のである．図 2.3 に，これらジグザグ思考を示す．

　設計と分析ではまるで脳の使い方が違うように思うかもしれないが，失敗の原因分析は，一般的に「分析」と聞いて思い浮かべるような，試薬を加えて色の変化を見るような成分分析とはまったく違う．与えられた選択肢の中からどれが一番当てはまるだろうかと，分析者の知識と経験に頼ることになる．これが創造設計の思考の様相とまったく同じであるから面白い．二つの思考が駆け巡る場は，一方が設計，他方が失敗原因とまったく違うのであるが，考えがあちこちに飛び移りながら，最終的には理路整然とした美しい形にたどり着くのである．

　思考展開図では表示されているノードはすべて使用しているのに，失敗まんだらには最後に使用されないノードもあるのが違うと思われるかもしれないが，思考展開図の最終形は，創造設計の途中で，ジグザグ思考が訪れた「最後には採用されなかった設計オプション」を示していないだけである．失敗まんだらの原因分析でも，まんだら図にない第 3，第 4 階層のフレーズが頭に浮かび，それは第 2 階層のどのフレーズに属するだろうと考えたり，まんだら図にはない抽象概念に気がついたものの，よく考えたら結局提示されている第 1，第 2 階層のキーフレーズのどれかと同じことをいっているのに気がついたりする．

2.4 失敗事例の代表図

　失敗知識データベースの最後の説明は代表図である．名称から勘違いされることもあるが，代表図とは，その事例を代表する典型的な 1 枚の図ではなく，その図を見ただけでどの失敗事例か即座にわかるように，わざわざ作成した図である．**図 2.4** に，例として **表 2.1** のエスカレータ逆走事故の代表図として作成された図を示す．

　失敗学会などで失敗事例の記述を呼びかけて実際に編集してもらった経験から，全般的に言えることは，編集そのものを請け負う人は少なく，さらにその数少ない人の中でも，代表図は勘弁して欲しいという人がほとんどだということである．代表図を苦にせず書けるのは，物事の抽象化・単純化ができる人のようである．先に創造設計の思考パターンと失敗まんだらを使った原因分析が似ていることを記した．それと同じように，自分の頭の中にある設計を，うまいポンチ絵を書いて示せる人は，失敗の代表図を描くのがうまいといえる．ここでも，創造設計と失敗分析の，違うようで似ている脳の働きがあるといえよう．

　代表図には，正しいものは決まっていない．ただし，よくできた代表図とそうでないものがある．事例によって表現がしにくいこともあるが，良し悪しの判断は，それを見た人が，どの失敗事例を表現したものか思いつくかどうかだろう．確たる方法論はないが，おおよそ以下のガイドラインがある．

- 凝った表現は避け，なるべく単純な線画にする
- 立体を斜めから見た図は臨

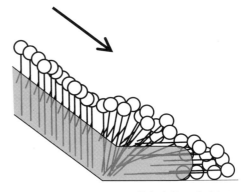

図 2.4 エスカレータ逆走事故の代表図

場感が出るが，2次元図でも構わない
- 白黒コピーを意識し，カラーや微妙なグレーレベルに頼るのはなるべく避ける
- 文字は極力使わない

失敗学演習2：失敗事例代表図

　失敗年鑑，および失敗知識データベースからそれぞれ代表図を3点ずつ抽出した．

　何の事例を表しているかわかるだろうか．わからなかった場合，文字に頼らないで，どういう代表図にしたらよりわかりやすくなるか考えてみよう．

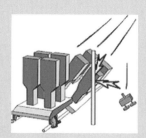

第3章 失敗を克服する

　失敗が発現したとき，その情報を集め，原因を究明し，知識を得，知識を情報とともに広く共有できる仕組みをつくるのは大切である．しかし，もっと重要視しなければならないのは，どうやれば その失敗を繰り返すことを防ぐことができるか，その方策を練ることである．失敗も，発現したときはマイナスの事象である．経済的・事業的損傷に加え，時には人的被害に至ることもある．しかし，その発現をきっかけに同じ失敗を繰り返さない仕組みをつくり出すことに成功すれば，長い目で見ればプラスの事象とすることができる．つまり，失敗を単なる失敗で終わらせず，それをプラスに転化する努力を行い，その転化に成功すれば，失敗を克服したことになる．

　失敗発現後の事象，製品，サービスなどの工程が，成功であるかないかは，その工程の価値が時間の関数 Value(t) であり，失敗が発現した時刻を t_0 とすると，評価の時点 t において，その工程の成否評価も時間の関数 Success(t) となり，t_0 から t に至る価値関数 Value(t) の積分である．

$$\text{Success}(t) = \int_{t_0}^{t} \text{Value}(t)\,\mathrm{d}t \tag{3.1}$$

　たとえば，ある工業製品が部品不良で人的被害をもたらし，リコールされたとしよう．特にどの製品を名指しはしないが，ネットで"リコール"で検索すると，いくらでも出てくる感がある．経済産業省（www.meti.go.jp/product_safety/recall/）や消費者庁（www.recall.go.jp/）のホームページには，詳しい情報がある．

　さて，当該製品のリコール開始を時間 $t=t_0$ とすると，その製品を製造，販売することで利益を得ていたのだから，t_0 以前は，その製品にプラス

の価値があった．しかし，t_0 以降，無償で回収，部品交換，送付のリコール費用がかかるので，突然，その製品の価値はマイナスになる．リコール周知の努力と評判の失墜により，しばらく製品価値は落ち続け，価値の積分である成功度は大きくマイナス側に下がり続ける．ここで，その製品を放棄してしまえば，成功度はマイナスのまま終わってしまう．

しかし，このリコールで問題を克服し，製品の安全性，信頼度を格段に高めたとしよう．消費者も徐々に信頼を回復すると，ある時点で価値がマイナスからプラスに戻る．ここでは，成功度はまだ大きくマイナスを示しているが，そこで反転し，価値の上昇とプラス維持により，やがてはプラス側に振れる．この成功度がプラスになった時点では，それまでにかかった時間を考えると，決して成功とはいえず，損はしなかったという程度だろう．しかし，製品がその価値をプラスに保ち続ければ，成功度はどんどん上がり，失敗をしてマイナスになった分を含めても成功した製品だったということができる．この失敗が発現した時点から成功度がプラスに戻るまでの様子を図 3.1 に示す．縦横の軸に定量的意味はない．

工業製品以外のわかりやすい例が伊勢銘菓「赤福」の偽装事件だろう．1707 年に創業[15]した赤福は，2007 年に偽装が発覚し，10 月 19 日に営業禁止の行政処分を受けた．行っていた不正は，出荷されなかったり，配送車が持ち帰った餅を冷凍保存し，後日それを出荷するために，解凍した日を製造年月日として新しく包装し直した包み紙に刻印したのである．評判が失墜した赤福は，し

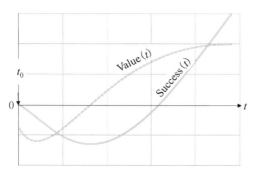

図 3.1 失敗発現以降の製品価値と成功度の遷移

かし 11 月 12 日には改善報告書を提出し，翌年 1 月 30 日に営業禁止処分は解除され，2 月 6 日より営業を再開した．その後，販売ルートは徐々に回復し，偽装発覚以前の勢いを取り戻し，さらに拡大させた[16]．

赤福の復活は，その偽装発覚以後の対応の良さに理由があった．まず，問題の冷凍設備を壊し，それまで包装紙にのみ刻印されていた製造年月日を中箱にも打つようにした．餅を漉し餡でくるんでいるため，中箱からいったん取り出した赤福餅をもとに戻せば，一目瞭然である．つまり，自分たちが行っていた偽装をやろうにもできない体制を整えたのである．

3.1 失敗防止に役立たない注意力喚起

失敗学で，失敗の三大無策と呼んでいるものがある．『周知徹底』，『教育訓練』，『管理強化』の三つである．世に知れるほどの大失敗があったときに，責任者が決まって今後の対策をどうするかというインタビューに答えて口にする対策である．それほどの大事件でなくても，組織内の始末書の対策欄によく登場する四字熟語である．確かに，三つとも大変に響きがよく，いかにも何か有効な対策を打っているかのようだ．

しかし，これら三つが三つとも，目指すものは作業者の注意力喚起である．人間は，機械ではないのだから，注意力を 100 ％ の状態で持続させることはできないものである．注意力が足りなくて事故が起こったなら，手順そのものが不完全な人間の注意力に頼っていた未熟なものであったと考えなければならない．

人間の不完全な注意力を補完する手順として，指差喚呼がある．指を差して声に出して，自分の動作を確認するやり方である．元々，鉄道マンが列車を走り出させるときの信号確認や，操車場で遮断機も警報もない軌道を横切るときに左右の安全を確認するために生まれたものである

26　第3章　失敗を克服する

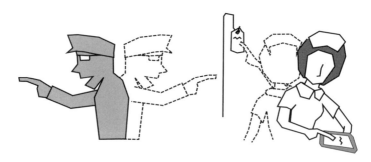

図3.2　似ているようで作業内容はかなり違う指差喚呼

が，いまでは製造業や医療，データ入力にまで応用されている．その効果は，単純作業のミスを1/6に減らすとされている[17]．効果の数字については様々な報告がされている[18]が，大幅に単純ミスを減らすことは間違いない．

しかし，ここで考えなければならないのは，指を差し，声に出して自分の作業を確認しても，ミスはゼロにはならないということである．ミス低減に効果があるのだから，是非とももっと広めなければならないが，それで安心してはいけなく，注意力を高めたミス低減を目指すのではなく，ミスを撲滅する手順の変更を模索し続けなければならない．

また，作業内容によっては単純作業の大幅なミス低減ほどの効果は得られないことがあるのも認識したいものだ．図3.2に，鉄道マンの軌道横断時の指差喚呼と看護師の点滴薬剤確認のそれを並べて描いてみた．軌道横断の場合，指差喚呼の目的は，軌道を横切ろうとする鉄道マンの顔を右左に振らせれば達成である．横を見たら車両が近づいているのに，それでも軌道を渡ろうという人はいない．一方の看護師は，二つの表示を見ただけではだめで，その二つが同じであるという判断，薬剤の濃度と滴下速度が指定してあれば，そのとおりに設定するという厄介な作業をさらにこなさなければならない．

3.2 失敗防止には創造的解決の導入

　それでは，失敗をなくすには何をすべきか．人間のうっかりミスに起因する作業の失敗は，その作業手順に何か新しい工程を入れなければならない．

　保守などの組立て作業で，作業員のうっかりによってとんでもない事故が起こることがある．たとえば，1997 年 9 月 14 日，4,200 万ドルのステルス戦闘機の翼がもげて墜落したのは，作業員が翼固定ボルトのうち 4 本を付け忘れたことによる [19]．2010 年 1 月 29 日，東海道新幹線の品川−小田原駅間で発生した架線停電は，保守時のパンタグラフ舟体・上枠取付けボルトの取付け忘れである [20]．JR 東海は，対策として注意喚起のほかに作業に必要なボルトをピッタリの数を揃え，外す古いボルトにもピッタリの数の穴を用意し，ボルトのつけ忘れが起こりえない仕組みをつくった．このやり方は，それ以前から他社でも組立てラインなどで取り入れられ，部品の付け忘れや，ねじの付け忘れ防止に役立っている．

　医療現場でも，手術の開腹部にガーゼを置き忘れることがある．その予防として，手術の前後でガーゼの数を数えるガーゼカウントという方法があるが，それでも数え間違いが起こる．そこで，ガーゼに X 線造影糸を使い，術後にレントゲン撮影をして残っていないか確認する方法が完璧ではない [21] ものの，有効なようだ．

　注意力喚起は，対策を打っていないのと同じだ．失敗に学び，考え，対策を打つことは，人間の創造的活動にほかならない．

第4章　創造性をはぐくむ

　創造性は教育により育成できるのだろうか．スタンフォード大学のデーヴィット・ケリー (David Kelley) 教授は，次のようにいい切る[22]．

> 『人は誰でも創造性を持って生まれた．それが大人になるまでの成長過程において，他人のちょっとした中傷や，教科で良い点数をとるための努力，忙しい現代社会で効率よく立ち回るために抑制されているだけである．創造性を教えるというのは，その人が元来持っている創造性を覆った殻を壊す手伝いをしているにすぎない』

　1978 年に世界的に有名なデザイン会社 IDEO 社[23] を創設したケリーは，2005 年に SAP 社，会長のハソー・プラットナー (Hasso Plattner) から 3,500 万ドルの寄付を受けたスタンフォード大学[24] で，d. school (ディ・スクール，スタンフォード大学デザイン校) を立ち上げた共同設立者の一人である．d. school の母体，スタンフォード大学機械工学科デザイン科は，ケリーや，現 d. school 教育長のバーナード・ロス (Bernard Roth) らのユニークな教授陣が機構学，機械設計，最適設計，生産工学などの堅い授業を教えながら，創造性教育にとりわけ熱心だった．その創造性教育の部分が遊離して，同大学や外部から芸術，経済，情報工学を教える教授陣と融合したのが d. school である．d. school で学んでも学位はないが，同大学の他学部学生や大学院生に人気が高く，さらに社会人受講も合わせると何千人単位の受講生がいる．いまや，世界中から最も注目されている創造性教育機関である．

　d. school の設計手法は，五つのステップからなる設計思考法 (Design Thinking) を中心に展開する (**図 4.1**)．本書では，第 4～6 章で，これら

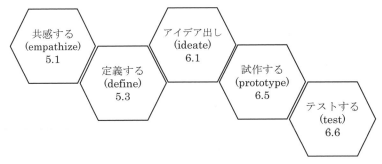

図 4.1 d. school が提唱する設計思考法の五つのステップ〔括弧内は，参考文献 25) からの言葉．数字は対応する本書の節番号〕[25]

重要なステップを実際にどのように創造性教育で実践するか，実例を交えながら解説する．

4.1 手書きイラストの効用

　第 1 章末の「失敗学演習 1」では，事例の解説に手書きのイラストを 1 枚添えることを出題に含めた．私たちの学校教育は，小学校 1 年生のときに始まるが，音楽や美術の授業は週に 1, 2 回だったと思う．その状態が中学卒業まで続き，その後，私の場合は地方の進学校に進んだため，芸術は書道，音楽，美術から一つを選んでそれを週 1 回だけ履修することになった．3 年生に進級すると，時間割表から芸術科目は消えた．学校教育が，数学や英語の授業と比べると，芸術の楽しい科目に割く時間はとても少ない．そして，大学に進学したら芸術科目はなくなり，かろうじて体育だけ週 1 回，1, 2 年生の間だけあった．

　ロビンソン卿（Sir Ken Robinson）によると，現代の教育システムができ上がったのは産業革命後の 19 世紀であり，産業界に適した人間をつくり上げるために，大学教授を最高目標とする構成になってしまったらしい[26]．絵画や歌の能力が高くても，会社では役に立たないから，そのよ

うな科目が減らされたのだそうだ.

ところが設計とは，いままでになかった物を生み出し，形や運動を定義する作業である．これは，創造以外の何物でもない．もちろん，LEGO のようにパーツをかき集めて合わせるだけの設計もあるが，その組合せも新しい定義ではある．また一方で，主に座学で習得する科目は創造には役立たないと考えるのも短視眼的である．人が投げた物体の世界最長記録（406 m 越え）を持つエアロビーは，空気力学を独習したアラン・アドラー（Alan Adler）による発明である[27]．一見，プラスチックとゴムでできたリングにしか見えないが，リング内側には，少し突き出たリップという形状があり，飛行中の姿勢を正す作用がある．

10 代の頃に絵筆を置いてから，すっかり絵から遠のいてしまった私たちであるが，中にはイラスト好きで，ちょっとした通信に手書きのスケッチを添えたり，人の似顔絵を書いて笑わせてくれたりする人もいる．空白の紙面に新しいイラストをフリーハンドで書くのは，隠れてしまった創造性を再発見するための第一歩といえよう（図 4.2）.

本書のイラストは，第 2 章末の「失敗学演習 2」の失敗知識データベースからの 3 枚の代表図を除いて，すべて私による創作である．これらは，すべてパワーポイントで描いている．多用するのは，多角形オブジェクトである．四角オブジェクトや，円オブジェクトは，まっすぐすぎたり，正確すぎたりで面白くない．円柱オブジェクトも使わない．不自然だと思うからである．以下に，どこが不自然であるか説明しよう．

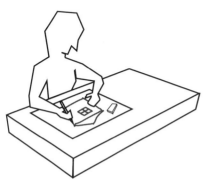

図 4.2　フリーハンドでイラストを描くと創造性が育成される

よく，直方体を立体的に書こうとして 図 4.3(a) のような絵を書く人がい

(a) 斜投影図　　(b) 等角投影図　　(c) 投視図

図 4.3　投影図と透視図

る．斜投影法といって，学校でまず習う立体図の描き方である．正面を向いた面に寸法を正確に何か書き込まなければならない場合は別として，人間から直方体を見てこのように見えることはない．少し絵心ができると，図 (b) の等角投影法を使用するようになる．空間に直行する 3 軸を思い浮かべ，同一方向の線分はすべて平行に書く．パワーポイントで描くと，図 (b) の直方体は，三つの方向にそれぞれ 1 本の線分を用意し，それらをコピペで 3 本ずつに増やして平行移動させればよい．機械設計では，この投影図が便利である．理由は，遠くにあっても近くにあっても平行であれば，長さが保たれるからである．しかし，見た目はやはり不自然である．遠くにあれば，同じ長さは短く見えることは誰でも知っている．

　この不自然さを取り除くのが図 4.3(c) の透視図である．消失点の数により，1 点，2 点，3 点透視図法がある．図 4.2 のイラストは，**図 4.4** に示す補助線を引いてからデスクを多角形オブジェクトで作成した．消失点に正方形がおいてあるのは，補助線の端点を消失点にロックするためである．

　これでパワーポイント

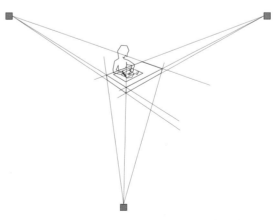

図 4.4　図 4.2 作成に使用した補助線

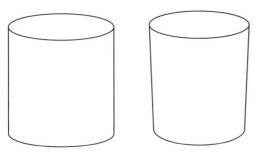

図 4.5 等角投影法と透視図法で描いた円柱

の円柱オブジェクトの不自然さがわかるだろう．円柱を透視図で描くと，上下の円状端面は平行なのだから，合同な楕円には見えないはずである．また近くが大きく見えるのだから，正確には楕円でもないが，そこまで凝る必要もないと思う．パワーポイントの円柱オブジェクトは，等角投影法で描かれたものである（図 4.5）．

円柱を斜めから見た図を描くときによくある間違いがもう一つある．上面は，フル楕円を描くので間違えないが，底面と側面の交点を尖らせる人がいる．底面の向こう側にあって隠れている稜線も描くとわかるが，ここも楕円の底面と円柱側面が交差している．だから，この点が尖るはずはなく，円柱側面を表す直線は，底面に届いたときにまっすぐ下を向いてそのまま半楕円軌道に乗る．

創造性演習 1：手描きイラスト

身近にある立体を取り上げ，透視図法で描いてみよう．たとえば，USB メモリスティック，スマートフォンなどがよいだろう．

描いたイラストと実際の立体を見比べて，自然に見えるか検討しよう．

4.2 視覚思考（Visual Thinking）

前節では，目の前に立体があったときに，その立体を 2 次元平面でどう表現するかについて書いた．次に，2 次元平面に描かれた図を見て，対応する立体を頭に浮かべる練習をしよう．実際，2 次元の物を設計する

ことは，銘板に書き込む製造者名や型番ぐらいで，設計といえば3次元の立体形状を決めている．そのため，設計者が2次元の図面を見て3次元の形状を想像できることはきわめて重要である．

この3次元形状を思い浮かべる練習に，消えた側面図を見つける問題がある．三角法で描かれた上面図と正面図の2枚だけを見せ，側面図を描いてもらうというものである．これは，実際の立体が頭に浮かばなければできない．出題に対して解が有限になるよう，以下のルールを決める．

 ルール1：立体の面はすべて平面である
 ルール2：隠線があれば，破線で必ず描く
 ルール3：隠線と実線が重なれば，隠線は見えない
 ルール4：立体は単体の二多様体である

これらの中で，ルール4は補足説明が必要だろう．定義を少しかみ砕いて書くと，立体の表面上すべての点において，その点の球体近傍は片面の2次元円板であるとなるが，考え方はルール違反の形状をいくつか示せばよいだろう．図4.6の曲線で囲んだ部分が違反点である．

ここでは1 μmの段差など，トンチで答えを出す問題ではない．陰線は必ず書く（ルール2）が，実線と重なれば描かない（ルール3）というのが，

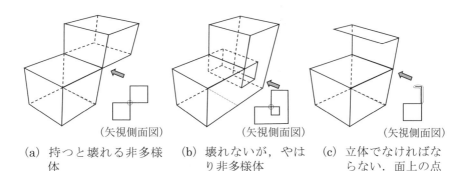

(a) 持つと壊れる非多様体　(b) 壊れないが，やはり非多様体　(c) 立体でなければならない．面上の点近傍は両面円板

図4.6　非多様体例（これらは，消えた側面図を見つける問題では禁止）

消えた側面図問題を面白くする．以上のルールを踏まえたうえで，次の演習問題に挑戦してみよう．

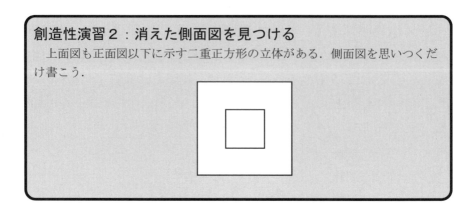

創造性演習2：消えた側面図を見つける
　上面図も正面図以下に示す二重正方形の立体がある．側面図を思いつくだけ書こう．

　この「創造設計演習 2」は，実は消えた側面図問題の中でも難しい部類に入る．立体を思い浮かべることに自信がある人は，読み進めないでここで考えて欲しい．正解は四つある．

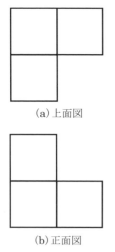

(a) 上面図

(b) 正面図

図 4.7
消えた側面図を
見つける問題 1

　では，答えを見つけやすい問題から徐々に解いていこう．まず，図 4.7(a) の上面図と図 (b) 平面図から考えられる側面図である．この正解例を図 4.8 に示す．
　図 4.8 に示す正解は，多数ある正解のうちの一つにしかすぎない．その多数ある正解を数えるのは本書では省く．では，どれくらいあるのか，次の二つの問題で見てみよう．まずは，図 4.9 である．上面図と正面図が正方形の立体の側面図を描けというと，誰しも簡単に立方体という正解を出す．しかし，ここで正解をすべて列挙せよと問題をひねると，少し難しくなる．先の「創造設計演習 2」と同様にヒントを出すと，正解は全部で五つある．

4.2 視覚思考（Visual Thinking） 35

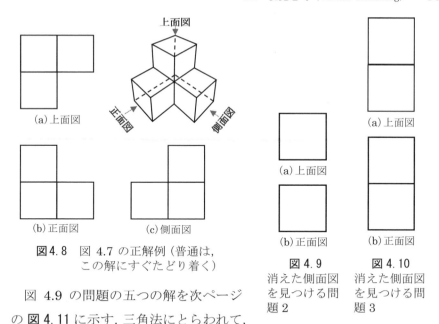

図 4.8 図 4.7 の正解例（普通は，この解にすぐたどり着く）

図 4.9 消えた側面図を見つける問題 2

図 4.10 消えた側面図を見つける問題 3

　図 4.9 の問題の五つの解を次ページの図 4.11 に示す．三角法にとらわれて，つい四角い立体しか考えないが，上面図，正面図で見えている面が実は斜めになっているというのが意外な発見である．

　最後に，図 4.10 の解を図 4.12 と図 4.13 に示す．読者は，答えを見る前にいくつくらいあるか，山勘でもよいので検討をつけてみると面白い．

　図 4.12 は，違う側面図でも，他の側面図と合同，あるいは鏡像である場合があることを示している．しかし，次に解が爆発的に増えるので，代表する側面図の中に，合同な解の数 n と，鏡像の解の数 m を C(n)，M(m) として表す．例えば，図 4.12 左下に囲んだ八つの解は，図 4.13 で囲んだ C(4), M(4) の図形である．合同，かつ鏡像である場合は，合同性が優先する．

　私は，この問題に取りかかったとき，正直これほどまで解があるとは思っていなかった．合同，鏡像の側面図は合わせて一つと数えて 48 個の側面図形状がある．合同，鏡像も別々に数えると，合わせて 174 個の違

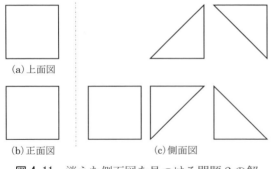

図 4.11 消えた側面図を見つける問題 2 の解

った側面図が考えられるのである．この図 4.13 も考え落としがあるかもしれない．それにしても，与えられた上面図と平面図から図 4.13 下方の側面図を思いつく人はまずいない

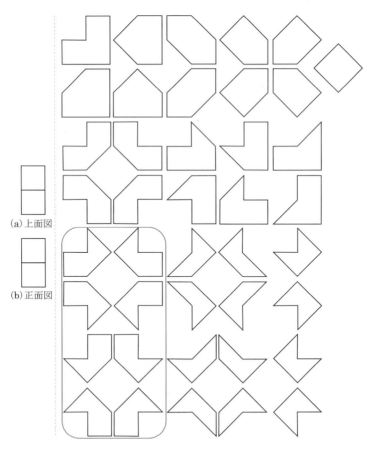

図 4.12 消えた側面図を見つける問題 3 の解（一部）

4.2 視覚思考 (Visual Thinking)　37

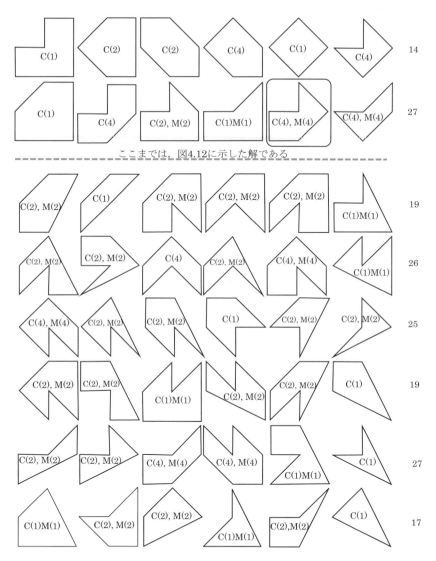

図 4.13　消えた側面図を見つける問題 3 の解

と思われるので，読者は安心されたい．

第5章 設計課題を見つける

5.1 実際に体験する

　失敗学の教えに三現主義[28]がある．三現とは，現地，現物，現人(げんにん)の三つである．事故に学ぶには，その事故が起こった場所に出かけ，実物が残っていたら そのものに，なければ同型のものに触れ，そして当事者あるいはその事故に関する実体験をした人の話を聞くというものである．たとえば，テレビのニュース映像，あるいは特別番組を視聴するのと何が違うのだろうか．

　まず，三現というのは3次元である．映像はあくまでも2次元で，平面状のスクリーンか画面に映し出されたレプリカであり，視点はカメラマンと同じものに限定されている．それが，時間をかけ，お金をかけて現地まで出向いてみると，現物を目にすることができるだけではなく，土地柄，周りの状況，現場では動きやすかったかなど，事故の背景要因まで実際に体験できる．そして，現物を実際に目にし，ものによっては自分の手にとり，重さや手触りなど，映像では伝わらない情報をも体感することができる．そして，現人である．人伝手の話と本人の言葉では迫力がまったく違う．ご当人と時には目を合わせ，会話を交わし，質問を投げる機会があるのは，映像と音声の一方通行とは比べものにならない．

　毎年8月12日には，御巣鷹山慰霊登山が行われる．1985年8月12日，羽田から伊丹に向った日航123便が伊豆沖を飛行中，後部圧力隔壁が破裂して，垂直尾翼と全油圧系統が破壊された．コントロールを失ったジャンボ機は，伊豆半島南部上空を横切り，焼津市辺りから本州上空

に入り，蛇行，上下動を繰り返しながら，不具合発生から 30 分余りの後に，後から御巣鷹の尾根と名づけられた山肌に激突，乗員乗客 524 名中，520 名の命が失われた．

失敗学会では，2007 年の初参加[29]より 5 年に一度，この慰霊登山に参加している．その名のとおり，登山の目的は慰霊であるが，修理仕様書から逸脱した修理を施したボーイング社と，その変更を見逃し，変更修理の材料まで提供した[30]日航の保守に関する手順の甘さを戒め，正しい安全文化を醸成することを日本中の技術者に教える機会となっている．日航グループからも慰霊登山者が参加し，登山路の整備や慰霊登山者に飲みものの提供などを行っている．また日航は，羽田空港に向かう東京モノレールの新整備場駅近くに安全啓発センターを建て，事故の起点となった壊れた圧力隔壁や，走り書きの遺書など犠牲者の遺留品，壊れた座席などを展示している．

現代の高度技術社会は，524 名もの人間と荷物を載せ，空を飛んで 1 時間弱で羽田から伊丹に到着する機械をつくり上げた．一つ間違えただけで，大勢の命を奪うことになりかねないこと，またそのような間違いが起こりえないような仕組みをつくり続けなければならないことを，私たちに強く訴えるのは，現地，現物，現人である．

このように，失敗から多くを学び，自分の糧とするのが三現であるが，創造をする設計でも，現実体験は重要である．設計者が時々陥る落とし穴に，技術的に優れた製品を世に送り出せば必ず売れるという誤解がある[31]．さらに，日本市場で成功したからと，それをそのまま海外に持ち込んでも売れるというのも大きな勘違いである[32]．カップヌードルは，販売地域によって味や麺，パッケージまでも変え[33]，世界中で売れている．

機械設計者が忘れてはならないのは，人は技術を買うのではなく，機能を買うということだ．だから，どんなに技術が優れていようとも，製

品が顧客の欲している機能を提供できなければ，博物館的価値はあっても，顧客は自ら代金を支払ってその製品を買おうとは思わない．設計者は，製品を世の中や顧客に提供するのではなく，機能を提供することを意識しなければならない[5]．そのためにも，顧客の身になってみることが大切である．これは，顧客の身になって考えるのとは違い，実際にその立場に自分の身を置いてみることである．

　大学院の授業では，学生になるべく日頃はできない体験を実際にしてもらっている．図5.1 は，目隠しをしてクラスメートに補助してもらいながら，構内を徘徊している様子である．この講座では5グループに分かれ，自分たちで定義したプロジェクトに挑戦してもらったところ，うち1グループは目が不自由でも目的とする教室にたどり着けるようなガイドシステムを考えた．無線通信と電子制御を使うところは現代っ子らしかったが，使用者が装着するのは，特に目立つわけでもないリストバンドで，目標にたどり着くために角を曲がらなければならないときは，リストバンドの振動でそれを使用者に伝えるというものであった．これこそが，使用者の気持ちになった設計である．目が不自由でも，派手な装着物や音声ガイドで必要以上に目立つことを人は嫌うものだ．

図 5.1　目が見えない体験実習

図 5.2 車椅子での単独移動では数センチの段差も越えられない

　図 5.2 は，本物の車椅子を借り，学生たちに体験してもらった様子である．一人で移動しているときは，わずかな坂道でも車輪を手で回しながらの移動は大変であることや，図の写真で示すように，ほんの数 cm の段差も単独移動を阻むことを体験できた．このとき，その授業までに車椅子を実際に体験したことがあった学生は，30 数名中わずか一人だった．それがいけないのではない．何か目標を決めて設計することになったら，まずは使用者の立場を実際に体験してみてから，設計に取りかかる姿勢が大切なのである．

　日本の人口構成の老齢化がますます進み，これからの日本は，高齢者の割合がこれまでにないレベルで大きくなることがわかっている．地域によってはお年寄りしか住んでいないところまで出てきている．次の新たな試みとして行うのは，高齢化に伴う身体機能の低下を体験することである．これは本節を書きながら，考えたものである．高齢者を意識したサービスや製品の需要がますます高まってくるとき，関節炎等で指が思うように動かなくなったときに何が有用か，図 5.3 のように自分の利き手機能の低下を疑似体験して考えるのも有効だろう．

　YouTube で公開されている d.school 教育長のロス（Bernard Roth）教授のコロンビア大学での講演 [34] では，実体験や疑似体験をするための学

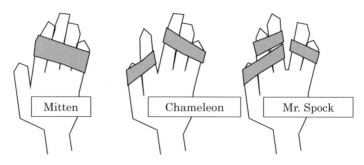

図 5.3　身体機能の低下を体験する

生たちの工夫を紹介していて面白い．実際に学生をインドの地方に送り込んだところ，学生たちが現地での生活を通して発見したのは，未熟児の死亡率が高い問題に対する解決は保育器の性能向上ではなく，新生児の体温を上げられるよう，加熱したワックスを充填できる抱き寝袋のようなものであることであった．また，片方の膝から下をなくした人と一緒に過ごし，膝の動きを四節リンクで実現した義足を開発して 2,000 円余りで買えるようにした．前者は総合病院までの移動に 2 時間もかかっていては，どんなに立派な保育器があっても役に立たないこと，後者はすばらしい義足を開発しても，安価でなければ誰も買えないという現実を目の当たりにしてのことだった．この義足は，タイムズ紙で，2009 年に 50 の発明ベストに選ばれている[35]．

　疑似体験では，混み合った救急病棟の待合室の状態を疑似体験するため，学生を集めて大量に水を飲んでもらい，管理者のオーケーが出るまでトイレに行かせてもらえない実験の話が愉快であった．このようなアイデアは，普通に うんうん唸っていたのではなかなか出てくるものではない．第 6 章では，どうやればそのようなアイデアが出てくるのか，有効な手法を紹介する．

設計課題演習1：共感する

　自分が普段の生活では体験しないが，社会ではより良い設計解が求められるような場面を考えよう．

　たとえば，緊急時，厳しい気象条件，身体機能に障害がある場合，過酷な作業を強いられるときなどである．どれか選択し，その状況に実際に自分の身を置く，あるいは疑似体験するには，どのような方法があるか提案せよ．

5.2 設計課題を発見する

　前節では，自分が普段体験しないような状態をどう体験，あるいは疑似体験するかを述べた．これは，誰か講師など，音頭を取る人がいて，その人が「さあ，やってみましょう」と，体験をする機会を与えてくれるものである．もちろん，それにより，それまで気がつかなかったニーズに気がついて，自分の設計課題を見つけることも十分にある．視覚障害のある人を目立たないリストバンドで誘導したり，四節リンクの膝関節義足を開発したりという設計解にたどり着いた課題などがそうである．

　このような機会を与えられたときに，鋭く設計解を発見するのも大切であるが，日常生活の中で設計課題を見つけるには，どうすればよいだろうか．

　まずは，感覚を研ぎ澄ませ，疑問を抱くことである．これまでの普段の生活を通して，何かを繰り返し行っていると，いつの間にかそれが当り前になってしまう．鈍ってしまった感性を復活させて研ぎ澄ませ，自分が当り前と感じていたことを不便と思い始めるところから始まる．たとえば，1日の始まりを例に不便を列挙してみよう．

・朝，目覚ましの音とともに起き上がる．睡眠状態から急に外からの刺激で自分を覚醒させるのではなく，自然に目覚めることはできないか．

44 第5章 設計課題を見つける

- 朝食は簡単にトーストだけであるが，たまにはサラダや目玉焼きなども食べたい．トーストを準備する程度の作業で複雑な調理はできないものだろうか．

- 歯磨きは，歯ブラシにいちいち歯磨き粉を付けてから行う．この面倒な作業をせずに口腔を清潔にし，歯を磨きたい．

- 服は，タンスやクロゼットから引っ張り出し，身につけなければならない．もっと素早く着替えを済ます方法はないか，着替えそのものをなくすことはできないか．

- エレベータのボタンを押してから，待たされることが多い．エレベータ前に到着すると，いつもすぐにエレベータが到着する仕組みはないだろうか．

- いつもの利用電車路線が，事故で動いていないことがあるが，それは最寄り駅に到着して初めて知ることになる．毎朝，状態をネットで確認するのも億劫である．いつも利用する交通手段の状況を通知してくれる仕組みはないものか．

このように書き出し始めると，設計の課題はいくらでも身の周りにあることがわかる．自分の日頃の仕事や製品，サービスでもまずは疑問を抱き，不便だと自ら感じたり，使用者の身になって何が不便かを発見したりすることである．

設計課題演習２：不便を感じ，人に伝える

日常生活の中で，不便だと感じる対象を見つけ，写真に撮ろう．

A4紙を横に使い，写真を紙面の左側，右側にはその対象のイラストを描き，不便だと感じる部分が見る人に伝わるよう，不便さを誇張して描こう．文字を使わずにその不便さを伝えられるだろうか．次に，50文字以内で題名を添えてみよう．

5.3 要求機能の明文化

　前節では，設計の課題となりえるものを発見することを説明した．この段階では，まだ何となく課題を感じているが，その課題の明文化は，創造設計において重要である．図 4.1 における第 2 ステップである．

　この明文化がきっちりできなければ，設計解を考えるときに，焦点がぼやけたり，あらぬ方向に思考がぶれてしまったりする．チームのメンバーの意識を常に正しい課題に向けさせる意味でも重要なステップである．この課題の明文化の練習には，既存の工業製品の要求機能を短文にまとめるのがよい．後出の思考展開図で，製品要求機能〔参考文献 5）では，最大要求機能と呼んでいた〕として図の左端に置く製品機能のことである．

　私がよくこの要求機能明示の練習に課する製品は，携帯電話である．いまではスマートフォンにその座を譲ってしまったが，第 1 の基本機能を考えるのには適した工業製品である．機種や市場に出たタイミングにより，寄せ集められた機能は多様であるが，根本的機能は電話機能である．この電話機能に特化して，つまりネットへのアクセスやカメラとしての機能は無視して，携帯電話の製品要求機能を考えてみよう．

　よく最初に返ってくる機能定義は，「電話をすること」である．この単純な応答は，しかし，製品名とその機能を混同している．使用者がしたいことは電話をすることではない．電話をするのは一つの手段であると説明すると，次の回答は少し考えてから，「遠くにいる人と話す」となる．しかし，いきなり話すわけではないし，話すだけではなく，相手の応答も聞く．それには多少の手続きが必要であるから，以下のようになる．

　「話したい相手を呼び出し，合意の上，会話をする」
ただし，これには社会的制約条件がある．双方が電話で会話をすることが許容される場所にいなければならない．相手が電話による会話が許容

46 第5章 設計課題を見つける

されない場所にいる場合は，上述の機能中の「合意」をしなければよいので，要求機能の記述はこれでよいが，自分の居場所という制約条件は，この要求機能に込めるべきだろうか．答えは，否である．これは，要求機能ではない．

使用者が要求する機能は，あくまでも会話ができることであり，声を出して電磁波を飛ばすのは，いまの電話機に起因する手段の一部である．声を出すのがはばかれるときは，メールを打つという代替手段があり，応答が悪いのと，伝えたい情報を伝達可能な状態に（すなわち，ボタンを使ってテキスト情報に）するのが面倒であるが，情報をやり取りするという機能は同じである．ただし，いまは携帯電話の電話機能にのみ限定しているので，メール機能は考えない．そう遠くない将来には，声に出さずとも，思ったことを相手の理解できる情報にし，電磁波以外の媒体を介して届ける製品ができるかもしれない．そのときは，私たちがスマートフォンや携帯電話を手放すときであろう．

では，最後にたどり着いた「話したい相手を呼び出し，合意のうえ，会話をする」で製品要求機能として十分だろうか．この要求機能は，地上電話回線のものである．携帯電話は，それに対して大きな機能がその製品名に込められている．すなわち，携行できるという機能である．それも，電話をかけるほうも受けるほうも携帯している．以上より，携帯電話器の電話機能のみに着目した製品要求機能は，「どこからでも，所在不明の相手を呼び出し，合意の上会話をする」ということになる．

このように，既存の工業製品の製品要求機能は，比較的はっきりと明文化することができる．これに対して，本書が扱う創造設計では，これまでの体感や不便を通して発見した「こういう機能が欲しい」という漠然とした期待が要求機能である．そのため，これをはっきりとした製品要求機能として表現するのは難しいかもしれない．もちろん，このステップで，それがはっきりするまで前に進めないのでは困るし，無理やり

決めると，今度はそれが足枷になって柔軟な思考が阻害されることにもなる．ある程度考えて，これから見えていない設計解の製品要求機能を宣言できたら，今後の作業の中で，それは柔軟に変わることもあると意識したうえで進むのがよい．

設計課題演習３：製品要求機能

　身近な工業製品を前にして，その製品要求機能を簡潔な文で記述してみよう．

　注意点として以下がある。

・製品要求機能の記述に，その製品特有の手段が含まれていないこと．

・製品要求機能を実現したいのは「なぜ」と考えて答えが見つかるときは，十分に上位の機能に上がっていない．

第6章 創造性を生み出す

6.1 ブレーンストーミング

ブレーンストーミング (Brain Storming) とは，何かの課題を与えられたときに，その課題に対する創造的解決を見つけるべく，思考を柔軟にして目標とする解を構築するための種出しを行う過程である．図 4.1 に示した d. school 設計のための 5 ステップでは，定義の後の 3 番目のステップである．

このブレーンストーミングは，創造的解決ができるか否かを決定的にする創造性噴出の重要ステップである．そのルーツは，故 川喜田二郎 東京工業大学 名誉教授（1920 ～ 2009 年）[36] が編み出した KJ 法 (Kawakita Jiro 法) [37] にある．1967 年に発表されたこの手法 [38] は，世界中に広く知れ渡り，現在でもいたるところで活用されている．しかしその手軽さから，少し聞きかじった人もすぐにやり方を模倣し，おおよそ，そうとはいい難いアイデア出しセッションもブレーンストーミングとしてまかり通っている．本書では，正式のブレーンストーミングがどうあるべきかを説明するものではなく，様々な場面で違ったブレーンストーミングを経験してきて，最も効果的に創造的解決に結びつく方法を説明するものである．

まず，ブレーンストーミングの目指すことを解説する．世の中には，人間がいまだ理解していないものも含めて無数の概念と，それらの概念を結ぶつながりがある．人間は，自分が認識している概念やそのつながりを他人に説明するために，それらを言葉で記述する．このとき，概念は人間の持つフィルタを通して記述されることになる．これら概念と概

念の つながりをネットワークのノードとアークで表現すると，図 6.1 のようになる．これは，世界をノードとアークからなるネットワークモデルで表現したものである．実際の世界は，図中のネットワークよりはるかに大きく，人間が気づいていないアークやノードも無数にある．

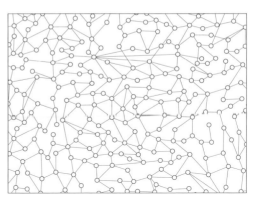

図 6.1 ネットワークで表現された世界（一部）

　私たちが日ごろ目にする工業製品とは，この無数の要素からなるネットワークより有意な組合せを抽出し，形を与えて製品にすることである．また創造的工業製品とは，いままで誰も気づかなかった組合せをつくり，形を与えて世に示すことに相違ない．

　少しわかりやすい例で説明しよう．2015 年 10 月，日本は梶田隆章 博士のノーベル物理学賞受賞に沸いた．素粒子ニュートリノに質量があることが証明されたのである．ニュートリノという目に見えない素粒子をノードで表現して理解しやすくするのが人間によるモデル化である（図 6.2）．ニュートリノに質量があることは，人間が決めたことではなく，自然界に厳然と存在する事実である．そのニュートリノに質量があるという属性が，人間にわかるかたちで証明され，ニュートリノには質量があるというモデルが誰でも使えるようになった．

　もう少し，工学的な例を挙げよう．

図 6.2 ニュートリノには質量があることが証明された

第 6 章　創造性を生み出す

たとえば，4 ストロークエンジンの発明である．まず，全体（エンジンブロック）をねじで土台（シャーシ）に固定し，吸気弁を開いて液体有機燃料と空気の混合体（気体燃料）を円筒状の容器に導き（ピストンダウン），圧縮してやる（ピストンアップ）．ピストンが上端（上死点）を過ぎたところで圧縮された燃料に点火してやると，ピストンが押し下げられる（ピストンダウン）．次に，慣性（フライホィール）でピストンが上がる（ピストンアップ）ときに排気弁を開いてやると，燃焼後，不要になったガスが円筒から排出される．点火のタイミングや弁の開閉など，エンジン各社は様々な工夫を重ねてより高性能のエンジンを開発するが，基本的な動きは，このシリンダ内でのピストンの上下動であり，それをコンロッドでクランクシャフトの回転に変換している．クランクシャフトの回転は，弁操作をするカムシャフトに伝えられる．この発明をノード・アークのネットワークで示すと，図 6.3 のようになる．ただし，多数ある細かい部品は省いてある．

　私たちの祖先が自転車や馬車に頼っていた頃には，点火プラグなどの部品はまだなかったことは想像されるが，4 ストロークガソリンエンジンが発明（1883 年，ゴットリープ・ダイムラーによるとされる）[39] され

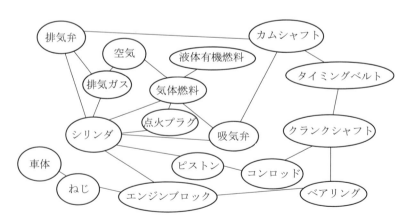

図 6.3　4 ストロークエンジンのモデル

た頃には，ニューコメンやワットによる蒸気機関，2ストロークガソリンエンジンや，4ストローク内燃機関（石炭ガス式）がすでに発明されており，コンロッドやクランクシャフトは目新しいものではなかった．シリンダやピストンは，エンジン用に使用されるはるか前のローマ時代に医療用に使用されていた記録がある[40]．

　すなわち，図6.1でほんの一部をノード・アークモデルに表現した世界は，人類の創造の成果により少しずつそのノード数を増やしてはいるが，新しい設計，創造的な設計といっても，それは新しいノードを発見することはほとんどなく，新しいアーク，すなわちそれまで誰も気づかなかったノード間のつながりを発見しているといってよい（図6.4）．

　自分が何か問題を解決しようとするときは，その設計解が，たとえば図6.4に太線で示すノード・アークモデルであるとしよう．ブレーンストーミングとは，すなわちこの解がわからない状態で，創造的設計解に使用できる種を出すのであるから，なるべく多くのノードやアークを自分の手の中に用意しておきたい．であれば，世界のすべてのノードとアークを手の中に置けばよいようなものであるが，それではノードやアーク間にまったくの優劣がついていないから，何もしていない振出しの状態と変わらない．

　ブレーンストーミングは，課題を設定したときに，その解決に役立ちそうな機械要素，システム要素，あるいは拘束条件となりそうな課題，効果，社会的価値など，『課題』を目にして頭に

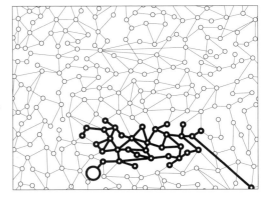

図6.4　発明とは，世の中の有効なネットワークを見つけること，あるいは新しい要素（ノード）や使い方（アーク）を定義することもある

浮かぶ，ありとあらゆる言葉を次々に書き留めて記録する過程である．これら有形，無形の言葉をまとめて概念と呼ぶ．もちろん，頼るのは人間の直感である．課題に対する解がわからない状態で開始するのであるから，なるべく多くの概念を出したほうがよい．このとき，何でもかんでも出てくるのを抑えるのが，最初に設定した課題，前節の製品要求機能である．その課題に関連して，頭に浮かぶ言葉をどんどん書き出す．このとき思考の働きをなるべく柔軟にして一考し，関係ないと思われる概念まで思考が飛ぶと，新しい設計解につながる可能性が高まる．課題の周りで当たり前の思考しかできなかったら，新しい解は思いつかない．最終的にたどりつく有効解に使用するものが，最初に出した概念のグループに含まれるように自分たちの脳をあちこちからたたき，思考をぐるぐる回すことからブレーンストーミングと呼ばれるようになった．

図6.5に世界をグレー，いまだ見えていない新しい発明をグレーの太線で示す．ブレーンストーミングは，新しい発明に使用されるノードやアークをなるべく多数発見する過程であると思えばよい．図6.5中，黒く示したのは新規発明に使用されるもの（太線）も，役に立たないもの（細線）も含めてブレーンストーミングの結果得られた概念と使い方である．黒いノードやアークがいまだ見えない目標とする太線のノードやアークとなるべく多くの部分で重なるのが望ましい．

このブレーンストーミングという言葉の持つ意味をきちんと考えておこう．これには，脳の中の嵐という単純な意味以上の気持ちが

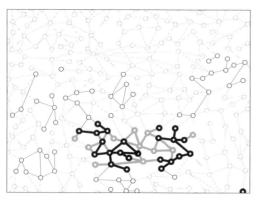

図6.5 レーンストーミングの結果（黒字のノードとアークが自分の駒となる）

込められている．まずストーミングは，Storm を嵐という名詞ではなく，動詞の Storm の現在進行形を使った動名詞である．Storm という動詞には，「襲う」，「かき回す」という意味があり，Storming という動名詞は，通常は平静な状態にあるものを刺激して異常な動的状態にかき乱すこととなる．

　図 6.1 に示したノード・アークモデルで説明しよう．ブレーンストーミングをどれだけ有効に行っても，参加者の脳内部にない概念は出てこない．だから，使いうる概念は脳内部に保持された有限のものである．しかし，通常範囲の思考，当たり前の考え方をしていては新しいアイデアは出ないものである．当たり前の思考にとらわれている設計者の脳内部をかき回して活性化し，新たな概念，あるいは複数概念の つながりに気がつくことに期待するのである．

　まず，ブレーンストーミングの準備である．

(1) 3 から 5 人程度のグループを形成する

　　この 3 から 5 人という大きさがちょうどよい．これより大きくなると，集中力を欠いた参加者が出たり，セッション中に 2 人が勝手な会話を始めたりすることがある．1 人でも，ブレーンストーミングはできるが，1 人では複数名で行うことのメリットがない．2 人では，途中休むことが難しいのと，1 人が種を出し続けてやはり複数名のメリットがなくなることがある．

(2) 以下を用意する

・ 細字のホワイトボードマーカー 2 本．2 色違った色がよい．ホワイトボードマーカーは，紙に文字を書いたときに，下のテーブルに色が滲んでも拭きとれるためである．

・ 50 mm × 75 mm のポストイット 2 冊（200 枚）．太字のマーカーしかなければ，75 mm × 100 mm のポストイットがよい．

・ ホワイトボード．代用品としては，模造紙，A3 紙を 4 枚貼り合わ

せた紙などがある．
(3) リーダーと書記 2 名を決める．
　　リーダーの役割は，以下のとおりである．
- セッションの司会．
- 言葉が課題から大きくそれたときに戻す．
- ただし，それたと思ってもしばらくはそのまま流す．
- 批判や説明を始めるメンバーにそれを止めさせる．
- 言葉がどんどん出るよう，メンバーをあおる．

　書記の役割は，出てきた言葉をどんどんポストイットに書き留め，ホワイトボードに次々に貼り付ける．出てきた言葉は，乱雑に置く．セッションの始めから，紙に書き留めた言葉を規則正しく並べ始めると，頭が論理思考を始め，自由な言葉の噴出を妨げる．また，言葉のグループ分けは後からの作業なので，始めは行わない．

　上述の準備が整ったら，いよいよブレーンストーミングのセッションである．参加者全員がお互いの顔が見えるよう位置を決める．立っても座ってもよいが，書記は立ったり座ったりする覚悟が必要である．図 6.6 に，ブレーンストーミングが始まって間もないときの様子を示す．

図 6.6　ブレーンストーミングの様子

　概念は，15 分程度で 200 個の言葉出しを目指す．最低 100 個は出ていないと，次の段階に進みにくい．平均すると 4.5 秒から 9 秒に 1 語なので，書記が 2 名必要である．言葉は後からでも足せるので，切りのいいところでセッションを終了する．セッション実行中は，以下の注意事項に留意する．

6.2 思考展開図—分析　55

ブレーンストーミングの注意事項

　ブレーンストーミングは，頭の働きを柔らかくし，なるべく多くの言葉があふれ出ることを目的とする．そのため，セッション中は以下の注意に従う．

- 他人が出した言葉を批判しない．判断はしない．
- 自分が出した言葉そのもの，出した理由，背景などを説明しない．ただし，他のメンバーにとって意味不明の言葉を出したときは手短に説明する．
- なるべく突飛もないアイデアの噴出を目指す．
- ただし，最初の課題が何であったか，常に意識する．
- 他のメンバーや，隣のグループの言葉をヒントに芋蔓式に言葉を噴出させてよい．

創造設計演習 1 : アイデア噴出

　3 人から 5 人のグループを形成し，前節で定義した製品要求機能をホワイトボード上部に大書し，それを見て思いつく言葉や文節を書き出すブレーンストーミングをやろう．終わったら，言葉がバラバラにおいてある状態でそれを写真に撮ろう．

　写真は，後から見て言葉が読めるように解像度が十分になければならない．ペンではなくホワイトボードマーカーを使うのは，写真の文字が読みやすいようにである．

6.2 思考展開図—分析

　「思考展開図」という言葉は，畑村による[28]．この思考展開図の構成例を **図 6.7** に示す．図中，グレーの破線の左側を機能領域と呼び，機能を表すノードが入る．右側は構造領域，あるいは機構領域と呼ぶ．

　機能領域では，左端に 5.3 節で解説した「製品要求機能」を置き，それが複数の「サブ機能」に分解されて左から右に進む．第 1 段のサブ機能は，さらに細かい第 2 段のサブ機能に分解される．この分解を繰り返して，

第6章 創造性を生み出す

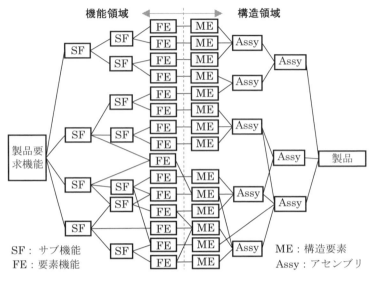

図6.7 思考展開図の構成例

これ以上は分解しても設計的に意味のないレベルに達したところで，最も細かいレベルの機能を「要素機能」と呼ぶ．

図 6.7 ではサブ機能が 2 レベルあるが，必ずしもそうとは限らず，製品によっては，製品要求機能がいきなり複数の要素機能に分解されることもあれば（単純な小さな製品），サブ機能レベルがいくつもある（複雑で大きな製品）ことがある．また図中，下半分に第 1 段のサブ機能から要素機能につながるアークが 3 本見られるように，機能が分解されるとき，分解の結果の機能は必ずしも全数が同じレベルに配されるわけではない．機能が分解された結果が，分解する前の機能より上にあることはない．これは，思考展開図の機能領域のグラフにはループができないことを意味する．

機能領域では，左にあるほど機能としての上位概念を表している．機能領域では，最上位の製品要求機能が，下位の機能に分解を繰り返して要素機能の集合ができる．このとき，思考展開図は製品要求機能から出

発して左から右に進む.

各要素機能は，一つもしくは複数の機構要素に対応する．このとき，思考展開は機能領域から構造領域に進展する．そして，機能要素につながる構造要素は，その機能を実現する．**図 6.8** の簡単な例でこれを説明しよう．

図 6.8 では，左側に示した三つの部品が，組立てが終わると右に示した状態になり，「プレートをブロックに固定する」という要素機能が実現されている．これを思考展開図で示すと，**図 6.9** のようになる．

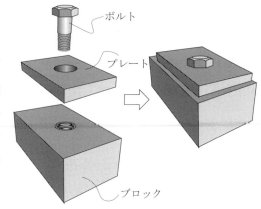

図 6.8 プレートをブロックに固定する

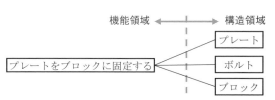

図 6.9 プレートをブロックに固定する思考展開図

ところが，図 6.9 はプレートとブロックに課せられている他の機能を無視している．この固定のために使用されているのは，プレートでは，その「ばか穴」というフィーチャーであり，ブロックでは「めねじ」というフィーチャーである（**図 6.10**）．

思考展開図では，構造の最小単位は部品と思われがちであるが，射出成型やプレスにより，複雑な形状のプラスチック部品や金属板が簡単に成形できる現在，最小単位はフィーチャーと考えたほうが思考展開図を作成する際には自然である．

思考展開図の右側の構造領域では，思考展開図の右にあるほど構造としての上位にある．最上位は製品で，左から右にいくときは，機構要素

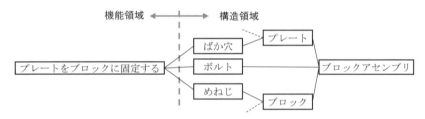

図 6.10 プレートをブロックに固定する詳細な思考展開図

が集まってアセンブリ，さらに複数のアセンブリが集まって，より上位のアセンブリを定義し，最後にすべてが集まって製品をなす．上位から下流（左）に向かえば，製品が複数のアセンブリに分解され，各アセンブリがさらに細かく細分され，機構要素まで分解されると考えればよい．構造領域でも機能領域同様，右側上位のアセンブリが下位の構造の左側から出たアークにつながるようなループはできない．

6.3 目に見えない要素

中尾らは，機械設計者は目に見える機械部品やアセンブリは詳細に思考展開図に書き込むが，目に見えない電気の要素を忘れがちであることを指摘した[41]．

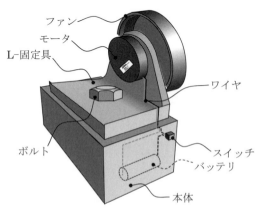

図 6.11　簡易冷却器

たとえば，図 6.8 が図 6.11 に示す簡易冷却器の一部であるとしよう．機械設計者は，図 6.12 のような思考展開図を書いて，よしとすることが多い．ところが，これでは直流 1.5 V の電力が供給され

6.3 目に見えない要素　59

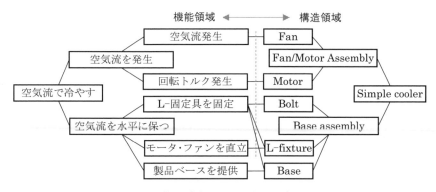

図 6.12　簡易冷却器の機械系思考展開図

て，初めてこの製品が製品要求機能を満たすことがわかりにくい．図 6.10 の「ばか穴」，「めねじ」のフィーチャーは省いてある．

図 6.13 は，図 6.12 に電気系の要素を書きたした思考展開図である．2011 年の福島原発事故では，発電所は長時間にわたって外部電源を喪失し，さらに津波で非常用ディーゼル発電機のほとんどが使用不可能，加えて配電盤が水没によって使用不能となって，非常事態に備えた緊急冷

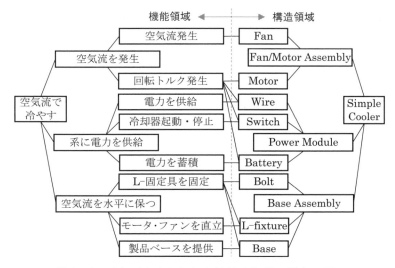

図 6.13　電気系を書き加えた簡易冷却器の思考展開図

却系統が機能できずに大事故にいたった．製品の機能はどのような不具合によって引き起こされるかというフォールト・ツリー・アナリシスでは，思考展開図を表示しながら解析を行うこともある．電気系などを忘れないためにも，これらを書き込んだほうがよい．

図 6.13 では，電力を必要とする機械部品はモータだけである．そこで，「系に電力を供給する」という機能を他の機能の下位に配し，電力供給の詳細機能を省略すると，図 6.14 が得られる．

しかし，現代の工業製品は，多くの部品画がコンピュータに状態信号を送り，コンピュータが決めた動作を行うべく制御信号を受ける．部品の駆動にも，電力が使用されることが多い．このため，まじめに電気系統を書き込むと，神経網と駆動力源がほとんどの構造要素に供給され，思考展開図が複雑になってわかりにくくなってしまう．

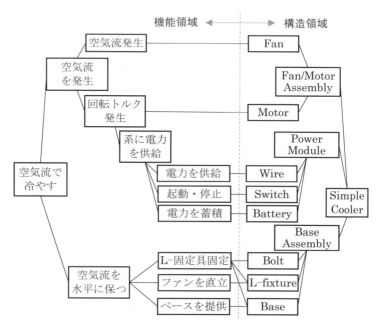

図 6.14　電力供給機能を下位に配した簡易冷却器の思考展開図

複雑な製品では，電力供給の記号を決め，これら電気系の接続を書かないで要素機能への対応だけを書き込むのがよい．**図 6.15** に，図 6.14 を書き換えた思考展開図を示す．ここでは，直流電力供給をボタン電池のような記号にした．

　この簡単な例では，電力を消費する機能が回転トルク発生だけなので，このやり方の利点がわかりにくいが，次の携帯電話の例では，この記述法の利点が一目瞭然である．後出の例では，交流電力を丸にサイン波の記号 (⊘) で表した．

　もう一つ思考展開図に書き忘れられがちなことに，ヒューマンファクターがある．4.5 節で，その製品要求機能を「どこからでも，所在不明の相手を呼び出し，合意のうえ会話をする」と導き出した携帯電話の通話機能を例に説明する．

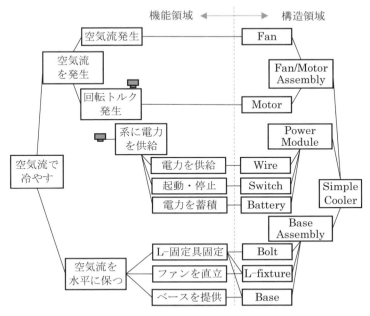

図 6.15　電力供給を記号にした簡易冷却器の思考展開図

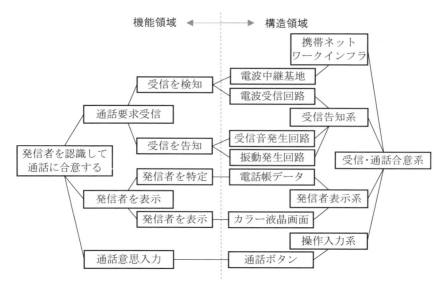

図 6.16 携帯電話で受信，発信者を認識，通話に合意する時の思考展開図

図 6.16 に，よくあるヒューマンファクターを無視した思考展開図を示す．これは，携帯電話の受信側機能のみを書き出した展開図である．

しかしよく考えると，発信者を表示しただけではそれが誰であるかは認識できず，受信者が，その表示を目で見て，誰であるか理解する必要がある．さらに，通話に合意するか，拒否するか判断をしたうえで通話意思を入力するには，指で通話ボタンを押下する必要がある．これらの視点を書き加えた思考展開図が，**図 6.17** である．ヒューマン，すなわち人間が関与しているノードは角を丸めてある．さらに，直流電源が必要なノードには，本節前半で決めた表記法に従ってそれを書き足してある．

ヒューマンエラーによる事故は，全体の 70 % から 90 %[42]といわれている．図 6.17 でよくあるヒューマンエラーは，「目」による見間違い，「脳」による判断違い，「指」による押し間違いである．全自動機械ではヒューマンファクターが入り込む余地はないが，このように，それを書き込むことで機能が何に頼っているかがはっきりする．

6.3 目に見えない要素　63

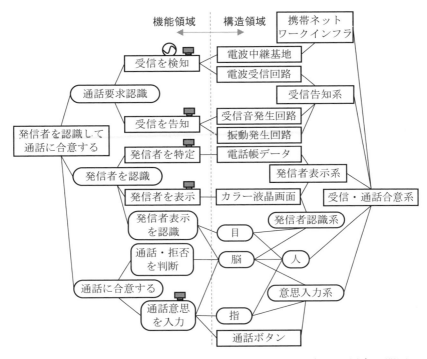

図 6.17　ヒューマンファクターと電源系を 図 6.16 に加えた思考展開図

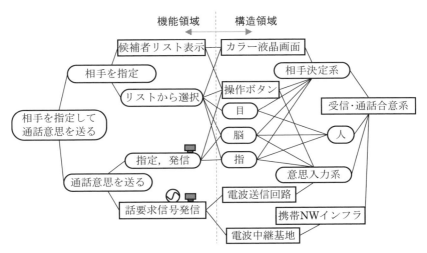

図 6.18　相手を指定して通話意思を送る系の思考展開図

第 6 章 創造性を生み出す

次に，図 6.18 に通話を相手に要求する発信時の思考展開図を示す．

相手を定めて通話要求を発信し，相手が通話に合意して初めて会話が開始される．その会話時の思考展開図を図 6.19 に示す．

図 6.19 では，リンクの交差で図が複雑にならないよう右の構造領域に同じノードを二つ書いた構造がいくつかある．「電波中継基地」とその上位の「携帯ネットワークインフラ」である．最初から，一つの構造は一つのノードとして思考展開図を構築すると，頭の中の整理がつかず，作図が困難になることがある．図 6.19 作成後，改めて複数個のノードで示された構造を一つにまとめて書き直したものが，図 6.20 である．せいぜい 1 対 1 か 2 であった機能領域から構造領域への対応が，もっと複雑な 2 対 2 以上の対応があることがわかる．

最後に，これまでどの図にも出てこなかった機能や部品をまとめて，

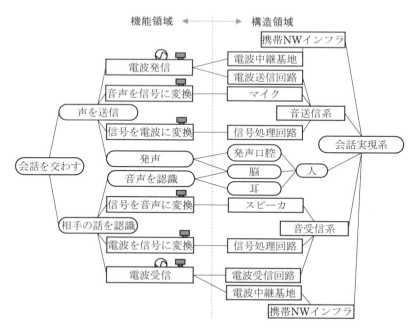

図 6.19　合意が成立，会話を交わす系の思考展開図 1

6.3 目に見えない要素　65

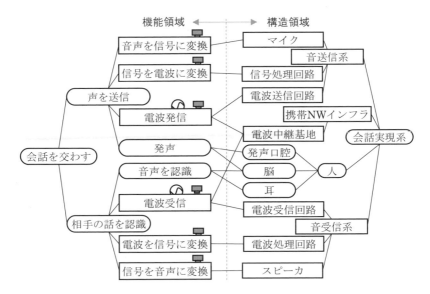

図 6.20　合意が成立，会話を交わす系の思考展開図 2

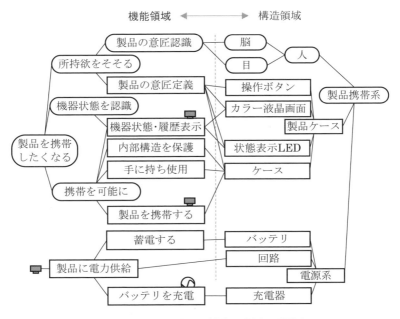

図 6.21　携帯電話の携帯系思考展開図

66　第6章　創造性を生み出す

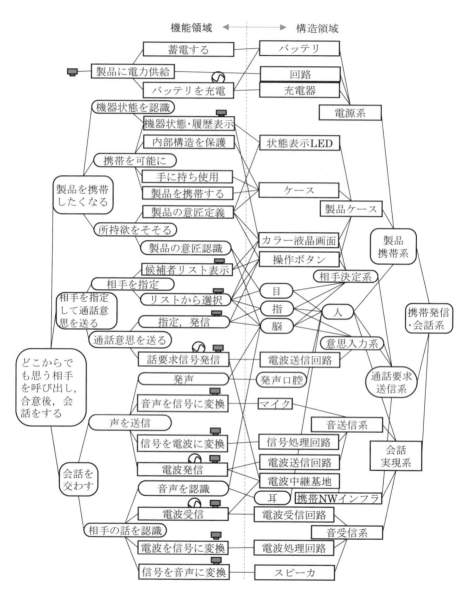

図 6.22　携帯電話の発信・会話系の思考展開図

図 6.21 にそれらの思考展開を示す.

この図の中で,製品の"見た目"が,他の機能と同じように書いてあるが,携帯電話の場合,見た目はきわめて重要である.iPhone のように,ブランド力でその機種が欲しくなる場合を除いて,技術が発展し尽くし,部品市場も以前のように,近くのメーカーからではなく,世界中どこからでも仕入れが可能になった今日,製品の技術的機能はどの機種をとってもさほど変わらなくなっている.このような状況下,消費者が店舗に出向き,手にして購入するのは,「見た目が気に入った」ということが大きな要素となってきている.今日の消費者に直接売り込む工業製品では,意匠設計が重要である.

最後に,図 6.18,図 6.20,図 6.21 を合わせ,携帯発信・会話系の思考展開図を 図 6.22 に示す.機能領域から構造領域への要素同士の対応で,この図のようにアークの交差が多いのは,公理的設計 [43] でいうところの干渉設計である.すなわち,1個の部品は単一の機能を持つよう設計するのが望ましいという独立公理に反している.干渉のない設計ができれば,個々の部分が梯子段のように 1 対 1 対応を示す平行線になる.しかし,公理的設計上望ましくない斜めのアークは,ケース(意匠,手持ち,保護),脳(決断,状態確認,音声認識,発声,操作入力),電波中継基地(発信,受信)と複数機能を持つ構造が原因である.

このように,目,指,脳に多大の機能を任された人間は,誤認識,ボタンの押し間違いといったヒューマンエラーにより,携帯やスマホの意図しない動作のほとんどを引き起こしている.

6.4 思考展開図―創造

6.3 節では,スケッチを示した簡易冷却器と携帯・スマホ電話の通話機能を例に,思考展開図の構成を説明した.既存製品の要求機能を分解し,

要素機能と構造要素の対応を見つけ，構造をアセンブリから製品にまとめる作業は比較的簡単である．

これに対して，思考展開図の本来の目的は創造設計への適用である．すなわち，5.2 節で発見した設計課題から 5.3 節で明文化した製品要求機能を思考展開図の左端に置き，そこから思考を右方向に展開して，最終的には設計解，新たな創造にたどり着くことである．これまでのところで創造設計解に使用できるのは，左端の製品要求機能と，6.1 節のブレーンストーミングでランダムに得られた思考の種である．これら種には，設計解に使用するものもあれば，使用しないものもあり，運よく使用するものが，最後に思考展開図のどこに落ち着くかもわかっていない．ここで，製品要求機能から出発して，それを分解，思考を展開して創造的製品にたどり着く過程を一つの創造設計例を使って以下に示す．

東日本大震災 3.11 の発生は，東北地方に甚大な被害をもたらし，福島原発事故の影響もあって，発生から 5 年も経とうというのに未だに復興が思うようにはかどっていない．このきっかけとなった東北地方太平洋沖地震により，東京でも最大震度 5 強が記録され死傷者が発生した．地震後の安全点検ができないまま，多くのビルでエレベータの使用が禁止された．高層マンション高層階の住人は，この地震のあとはしばらく大変な思いをしたそうだ．

しかし，命に関わるもっと切実な問題を考えなければならない．ビル火災が発生すると，エレベータを使用してはいけないのは多くの人が知っている．健常者はよいが，車椅子の使用を余儀なくされている人はどうだろうか．火の手が回らぬうちに，いち早く建屋外に避難しなければならない．身障者をビルから緊急避難させるときの製品に階段避難車がある．東京大学 工学部でも各建屋に 1 台ずつ常備している．補助が必要ではあるものの，高いところから階段を使って身障者を降ろすのにはまことに使いやすい．ところが，ビルには地下階というものがあり，運び

上げるのはそう簡単ではない．2人がかりで身障者を直接抱え，階段を上ったほうがよほど楽である．

そこで，製品要求機能を「身障者を階上にすばやく避難させる」と設定する．このとき，「階下」への避難は，補助つきながらも階段避難車が実現している．

製品要求機能を設定できたら，次にそれをより具体的な要求機能に細分することである．この第1段階の細分をするときには，顧客の声 (VOC：Voice of Customer) を反映した表現にする[5]．また，細分されたサブ機能は，それらがすべて満足されたときに製品要求機能も満足されなければならない．「身障者を階上にすばやく避難させる」という製品要求機能は，図 6.23 のように細分できる．

顧客の声に分解された製品要求機能は，構造領域での対応を決める前に工学尺度 (EM：Engineering Metrics) に分解するのがよい．第1段階の分解で，顧客は具体的に何を望んでいるかを考えた後，その「何」がどの程度のものか定量化するのである[5]．

そこで，制約条件を定量化することを考える．まず，持ち上げなければならない重量は，人間 1 人と車椅子である．人間は，エレベータでは平均体重（日本の場合，65 kg）をもって設計に使用するが，今回は最大を考えなければならない．ギネス記録を考える必要はないが，余裕を持って 100 kg としよう．車椅子の重量は，自走式で 7 kg から，重いもので 16 kg を超える[44]．一方，最近は便利な電動車椅子もあり，ジョイス

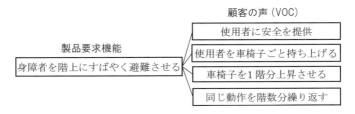

図 6.23　製品要求機能「身障者をビルからすばやく避難させる」の細分

ティック型で 30 kg 前後，ハンドル型となると 100 kg を超える[45]．小型オートバイのようにも見えるハンドル型が地下の実験室に許可されるとは考えにくいが，ここも余裕を持って使用者と車椅子を合わせて 200 kg を移動させないといけないとしよう．

次に，距離である．一般住居では，天井の高さは 2.5 m，天井裏もあるので 3 m ぐらいが目安だろう．鉄筋コンクリートの工学系ビルは，特に大きな実験機械も入る地下は天井が高い．私が居候している東京大学 工学部 二号館は，最下部の地下 1 階から 1 階への距離が大きく，施設課に尋ねてみると 6.5 m とのことだった．

車椅子本体の大きさは，電動でも車椅子と同じ寸法規定が適用し，最大寸法は，図 6.24 に示すように，長さ 1200 mm，幅 700 mm，高さ 1090 mm である[46]．もちろん，人が乗れば頭は上に出るし，自走すれば腕は幅をはみ出し，足先もフットレスト前端より前にある．設計寸法は，余裕を見て長さ 1400 mm，幅 1000 mm，高さは使用者が座っているときの人間工学的頭頂部高さ 1300 mm より高く，2000 mm とする．2000 mm あれば，何かの理由で立ち上がってもほとんどの人は大丈夫であるし，2 m 越えの人は注意深く立ち上がる．

以上で，製品要求機能「身障者を階上にすばやく避難させる」から出発し，サブ機能「使用者ごと車椅子を持ち上げる」，「車椅子を 1 階分上昇させる」という顧客の声を，それぞれ工学尺度「1.4 m×1 m×2 m，200 kg を持ち上げる」，「箱を 6.5 m 持ち上げる」へと分解できた．さらに，「使

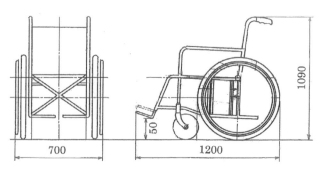

図 6.24　車椅子の基本寸法上限[47]

6.4 思考展開図—創造

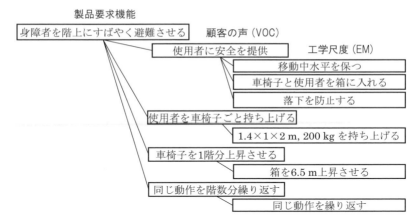

図 6.25 製品要求機能から，顧客の声，工学尺度へ

用者に安全を提供する」は，「移動中水平を保つ」，「落下を防止する」，「車椅子と使用者を箱に入れる」というサブ機能に分解でき，「持ち上げ，上昇を繰り返す」のは，上がらなければならない階数分だけ同じものをつくればよい．これら工学尺度への分解を **図 6.25** に示す．工学尺度への分解は，まだ機能領域でのことである．

「移動中水平を保つ」のは，エレベータのように四角い箱を少し大きめのシャフトに入れればよい．「落下を防止する」機能は，ラッチを用意すればよい．このラッチは，200 kg の垂直加重に耐えるだけではなく，次のラッチが引っかからなかったときに，ラッチ受けのピッチ分，箱が落下したときの衝撃にも耐えなければならない．他の工学尺度機能は，そのまま要素機能としてよい．

いよいよ各要素機能を構造要素に対応させるのであるが，箱も入れると 300 kg 近くなる箱を持ち上げるのに，チェーンブロックを選択したとしよう．工場の天井クレーンなどについているチェーンを手繰って重量物を持ち上げる機構である．ネットで検索すると，500 kg の容量で揚程を 6.0 m まで延長できるものもあった．それ以上延ばすには，チェーン

第6章 創造性を生み出す

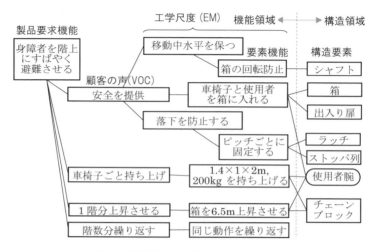

図 6.26　要素機能から構造要素にマッピング

を足せばよい．これを，最悪，自分しか周りにいない場合を想定して，使用者自身がチェーンを手繰って自分を車椅子ごと引っ張り揚げることを考える．構造要素として使用者の腕力も必要とする要素機能から構造要素へのマッピングを 図 6.26 に示す．

最後に，構造要素をアセンブリにまとめ，さらに製品に仕上げたのが 図 6.27 である．この製品の使用概念図を 図 6.28 に示す．

図 6.28 を描いてみると，ここで大きな問題に気がつく．箱がいない階のシャフトには，平常時に人が落ちないように安全扉をつけなければならないが，その前に，これだけ大規模な改造が既存の鉄筋コンクリート建屋に許されるはずがない．コンクリートの床に 1 m 四方以上の穴を開けてシャフトを通すわけにはいかないのである．

ここで，振出しに戻るかといえば，決してそんなことはなく，図 6.25 の要求機能群を満足するため選択した 図 6.26 の構造は，「既存の建屋構造を変えない」という制約条件を満たさないことがわかったといえる．

では，既存の建屋で地下階から 1 階上まで吹き抜けている構造はどこ

6.4 思考展開図―創造　73

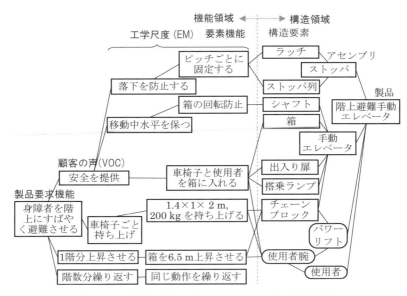

図 6.27　階上避難手動エレベータの思考展開図

かと考えると，エレベータシャフトと階段である．既存の電動エレベータを手動に変えることはできないから，使えるのは階段のエリアということになる．これを念頭に，図 6.25 から次の要素機能，さらに構造領域への思考展開を考え直してみる．

まずは，階段エリアを利用するということで，要求機能を細かく考え直す必要がある．平時は，階段機能を損なわないようにしたいし，緊急時も半分は健常者のために空けておきたい．垂直方向の移動も途中，鉛

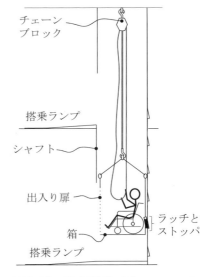

図 6.28　階上避難手動エレベータの概念図

第6章 創造性を生み出す

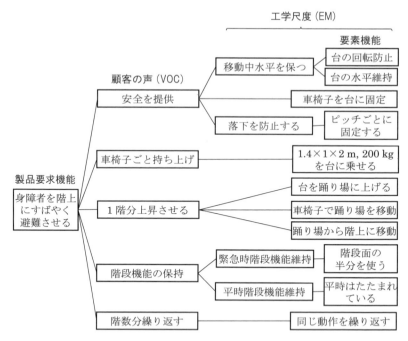

図 6.29 階段エリアを利用する拘束条件化の要素機能への分解

直軸回りの回転を伴えば最終的な避難目的を達成できなくもないが，使用者に安全を提供することができなくなるようである．ここでは，階段に沿って斜めに上昇することを考えたい．階段に沿う条件で要素機能まで要求機能を分解し直したものが**図 6.29**である．

今回は，垂直移動ではなく，階段に沿って斜めに車椅子を持ち上げればよい．チェーンブロックはいいアイデアであったが，斜めに重量物を引っ張り揚げるのには向かない．階段の蹴上げと踏面の最大値は，建築基準法施行令[48]に定められているが，住宅では50°を超える急勾配が許されるものの，公共の建物ではそうはいかない．階段の勾配角には幅があるので，私が結構急だと感じる東京大学 工学部 二号館の地下1階から1階への階段を実測した 36° とする．

6.4 思考展開図―創造　75

　この程度の急斜面を登る車両は，ラック式登山電車やサンフランシスコで有名なケーブルカーが近い傾斜を達成している．登山電車では，ラック式スイスのピラトゥス鉄道が 25°[49]，ケーブルカーでは，黒部ケーブルカーが 30° を超えている[50]．ちなみに，ゴムタイヤ式ケーブルカーでは 42° を達成しているものもある．**図 6.30** は，ラック式登山鉄道をヒントに機構を考えてまとめた思考展開図である．
　以下に，図 6.30 の機構要素のいくつかを説明する．

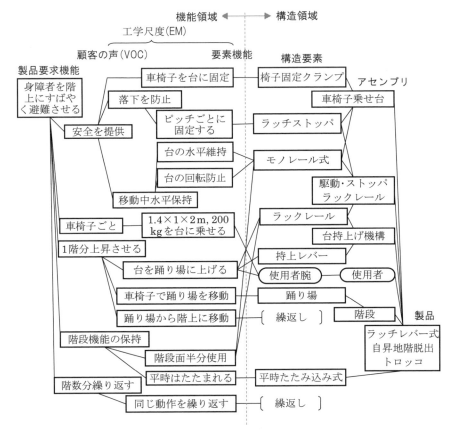

図 6.30　階段エリアを利用する拘束条件下の要素機能への分解

76   第6章　創造性を生み出す

（1）モノレール式

使用者と車椅子を乗せ，階段を上る台が移動に利用するレールを横から見た様子を 図 6.31 に示す．出発したとたんに台が後ろにひっくり返ってしまわないように，台はレールを抱えるようにつかんでいないといけない．

図 6.31　レールと台の基本構成

（2）椅子固定クランプ

図 6.28 では，垂直に移動することもあって，使用者の安全を確保するため，使用者は車椅子ごと箱に入ってもらうことを考えた．今回は，階段面に沿って斜めに移動するので，車椅子は 図 6.32 に示すようなクランプで台に固定できる．

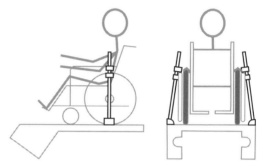

図 6.32　車椅子固定クランプ

（3）平時たたみ込み式

この緊急時用システムは，平時はたたまれていて，階

図 6.33　平時の地階脱出システム格納

段の通常使用に支障をきたさないことが望まれる．幸い地下階階段の直上は，次の階の階段があるために大きく空いている．図 6.31 のレールは，平時は 図 6.33 に示すように真上に立てておけばよい．また，使用時に車椅子で搭乗するときは，床面と段差があっては上れないので，搭乗面は

図 6.32 に示したレールくわえ込み部の上ではなく，その下に位置するよう変更した．

（4）ラッチストッパ

本製品は，ラック式登山鉄道を参考に，ラックアンドピニオンではなく，ラックアンドレバーにより，ゆっくりと，しかし軽い力で着実に階段面を上ること

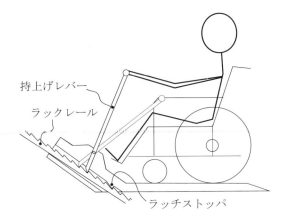

図 6.34　ラックアンドレバーによる持上げと滑落防止ラッチストッパ機構

を実現する．このとき，レバーは持上げと次のラック歯へのかみ込みを繰り返す．次のラック歯をかみ込むべくレバーが動くときも，台がレールを滑り落ちないようにストッパを設ける．これは，図 6.34 に示すように持上げにも利用するラックの歯に，台に固定した歯をかみ合わせることで行う．

（5）持上げレバーとラックレール

持上げレバーをてこのように使ってラックレールのピッチ分を 1 段ずつ上る機構を図 6.34 に示した．

ラックを 1 段ずつ上るときに，台が上下に揺れ動いたのでは無駄な動作がある．摩擦低減のためにも，レールは円筒状で，台は少しのすき間を持ってそれをくわえる構造が望ましい．このとき，ラックレールは持上げと滑落防止のときのみ台や使用者の重量を支える．つまり，図 6.34 で車椅子に乗った使用者と台による時計回りのモーメントを支えることはしない．そのため，持上げレバーとストッパは，1 方向のみに剛になるように図 6.35 のように折りたたみ式にし，ラックレールは，図に示すように台の溝と平行に配置する．

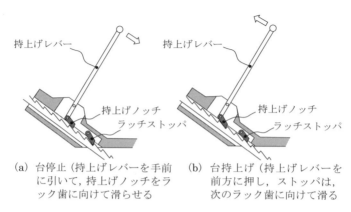

(a) 台停止（持上げレバーを手前に引いて，持上げノッチをラック歯に向けて滑らせる

(b) 台持上げ（持上げレバーを前方に押し，ストッパは，次のラック歯に向けて滑る

図 6.35　折りたたみ式持上げノッチとストッパ

階上まで上りきった使用者は，この台から降りなければならないので，持上げレバーやラックレールとの機構部が使用者の邪魔になってはいけない．図 6.36 は，側面図だけではわかりにくいので，斜めから台とレールを見た様子を描く．持上げレバーは，左右のレール用にそれぞれあるが，持上げの同期をとるため，図中に示す横つなぎ棒を使用時に左右のレバーにはめて使う．

座ったままの人間のリーチは 40 cm 程度である．図 6.35 から，腕による押上げ長さと上り長さの比は 6 対 1 程度であるので，1 回の斜面上り量は 67 mm 程度になる．人と車椅子の重量は最大 200 kg としたが，これには台の重量が含まれていないので，持上げ重量は最大 250 kg とする．幸い斜めの階段面を上るので，持上げ荷重は 130 kg 程度であり，6 対 1 のてこ比があるので，使用者が出す力は 23 kg 程度である．

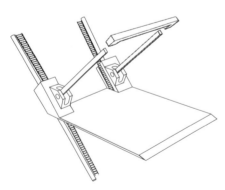

図 6.36　左右の円柱レール，ラックレールと台との関係

6.4 思考展開図—創造　　**79**

　1 階分の上る距離はおよそ 11 m (＝6.5 m/sin 36°) になるので，このレバーは 165 回程度漕がないと上れないことになる．23kg を 165 回とは重労働である．もちろん，100 kg もあるハンドル型電動車椅子を仮定したことも原因である．通常の自走式車椅子であれば，使用者がレバーを押す力は 14 kg 程度となって現実的な設計解になる．

　6.2 節と 6.3 節では，できた製品を分析して思考展開図を紹介した．本節では，その思考展開図を創造設計，すなわち製品要求機能から出発して新しい製品を生み出すまでの過程を解説した．もちろん，ここで紹介したラッチレバー式自昇地階脱出トロッコを学習して欲しいわけではなく，創造設計の過程に一例を通して触れるのが目的である．

　本節の例では，手動式エレベータに始まり，トロッコ，次にその車椅子乗車面を下げるなど，設計が行きつ戻りつした．この例では，ずいぶん簡略して思考過程を示してあり，実際の創造設計では，何か行き詰まると 6.1 節のブレーンストーミングに戻ってアイデアを出し，別の選択肢が見つかると，その可能性を追求する思考展開が始まる，そしてまた行き詰まるの繰返しである．また設計が終わって次節の試作をしてみると，また気がつかなかった問題が見つかる．そして設計の行きつ戻りつは繰り返す．

創造設計演習 2 ：さらなる創造的改良

　ここまでの創造設計例では，設計解ではあるものの，最悪，ハンドル型電動車椅子に乗った非力な使用者では，23 kg の腕力で 150 回トロッコを漕がなければ地階から脱出できない解に行き着いた．
　これに改良を加え，同じ条件でも，もっと楽に脱出できる装置を考えてみよう．

6.5 プロトタイピング

前節までで，新しい創造設計の概念ができ上がった．以前は，ここまでで 13 コマの講座を終了していたが，最近は試作まで学生に行わせている．理由は，概念設計だけで終わると，とてもできそうもない設計を説明して終わる学生チームがいくつも出てきたからである．

プロトタイピングといっても，創造設計のプロジェクト段階では，一般的にいうたとえば自動車のプロトタイプなど，最終製品に近いものをつくる必要はない．ここでいうプロトタイピングの目的は，次のとおりである．

1. 自分の考えた新しい製品がその製品要求機能を満たすことを確認する．
2. 実際に作成することにより，基本構造に必要な修正を見つける．
3. 他の人に，自分のアイデアが有効であることを実証する．

図 2.3 では，設計思考のジグザグ運動を示したが，今度は図 4.1 に示した設計の 5 ステップも，順番に進むわけではなく，試作しては自分の考えが甘かったことに気がつき，アイデア出しに戻って考え直し，さらに時には定義まで立ち返って自分が実現せんとする機能を修正したりもする．自分が創造した新しい製品を大きく現実のものに近づけるのが，このプロトタイピングである．

プロトタイピングに使用する材料は様々考えられるが，新しい製品を創造するとき，最終的にプラスチックや金属になるからといって同じ材料を使用するのは効率が悪い．以下に，プロトタイピングに有効な材料をいくつか紹介する．

（1）パネルボード

よく流通しているものは，厚さ 3 mm か 5 mm のものである．構造は，発泡スチロール板の両側に画用紙程度の紙を貼り付けたものである．カ

ッタナイフでさくさく切りやすいし，のりでお互いに貼り付けやすい．表面に詳細を表現する図画も描きやすい．建築学科の学生が卒業制作でよく使う白い紙ボードといえば，なじみがあるだろう．

（2）アクリル板，塩ビ板

アクリルは，実際の実験装置製作でも時々使用することがある．市中のDIYショップなどでも手軽に手に入るので便利である．1 mm以下から5 mm越えまで，厚さも様々なものがとり揃えられている．ただし，脆性が強く，ドリルで穴を開けようとすると，ひびが入ったり，落としてパリンといとも簡単に割れてしまうことがある．

塩ビ板は，これに比べて衝撃に強く，扱いやすいが，DIYショップで揃うのは単純な板や水道パイプくらいである．その点，アクリルは，円形や四角のロッド，細いパイプやねじまで揃うから便利である．接着は，アクリルにはアクリル，塩ビには塩ビ専用の接着剤を使用する．

（3）木　　材

パネルボードほど切りやすくはないが，強度は断然強い．また，安価に大きな素材を手に入れることができる．様々な四角や円形断面の棒材を買うことも可能である．その材料特性上，パイプ状のものはない．

（4）おもちゃ

いまや，レゴは昔のように単純な四角いブロックを積み上げていくだけのものではない．もちろん，小さい子供にはその遊び方が楽しいのであるが，中高生から大人まで楽しめるテクニックシリーズには，高度な模型製作を実現するパーツが揃っている．

プラモデルのタミヤでも，基本的な部品ショップがあり，ギヤボックスからロボット製作用まで，様々な基本形状や高度な機能パーツを集めたキットを提供している．

（5）電気部品

電気系の学生は，やはり機械的な創造よりも電気を利用した設計に走る

図 6.37 ラッチレバー式自昇地階脱出トロッコの
プロトタイプ

ことが多い．メイド喫茶にずいぶん侵食されたが，秋葉原は，いまでも雑多な電気部品や機械要素などをとり揃えている．大阪であれば，日本橋(にっぽんばし)がこの役割を担っている．どちらも遠ければ，インターネットで探すのがよいだろう．

　私も本書を書きながら，「できもしない概念設計」だけをした頭でっかちと思われたくない．それよりも，キーボードを1日中ブルルンブルルンとたたきながら，平坦な四角いカラー画面を見ていることに嫌気が差し，前章で考えたラッチレバー式自昇地階脱出トロッコのプロトタイプをつくることにした．この製作の詳細は割愛するが，5,000円分と決めて基本的な材料を集めた．その成果を図6.37に示す．

6.6 アイデアを確認するテスト

　最後にテストである．自分が置かれた状況により，このテストも様々なレベルが考えられる．以下に，考えられる主な状況を列挙する．
（1）学生
　授業の一環として創造設計に挑戦し，プロトタイプを作成したなら，最終テストはプレゼンテーションである．限られた時間でスライドや話術を駆使し，プロトタイプを見せて，成功しそうな設計かどうかの判断

を仰ぐ．このレベルの創造設計では，本当に製品まで仕上げることはほとんどなく，判断基準は甘い．

(2) 趣味

　学生でも社会人でも，授業や実務と関係なく，自分の創造性を磨くために創造設計に挑戦する人たちがいる．個人ではなかなか難しいが，私が事務局長を務める失敗学会でも，時にこのレベルのイベントを行うことがある．製品要求機能を最初に決めて出題し，それに対する創造解を競い合うのである．最後は自分たちで投票をし，チャンピオンを決めるのが課題解決の励みになるし，面白みも増す．

　自分ひとりで趣味として創造設計に挑戦するのも，もちろん人生を楽しくしてくれる．できあがったプロトタイプは，ぜひ他の人に評価を乞うのがよい．ただし，あまり近しい人は厳しい評価をしてくれないので，少し距離を置いた生真面目な人がいい．悪い評価を下されたからと，相手に対する気持ちを損ねてはいけない．その人を感心させるには，次にどう改良を加えたらよいかを考えることである．この趣味的な一人創造設計が，なかでも新規事業立ち上げにつながる確率が高い．知り合いの識者を説得することができたら，次は銀行や投資家などの説得という究極のテストがある．最終テストは，もちろん できた製品が売れるかどうかの市場テストである．

(3) 社会人

　開発チームでは，創造的設計解が常に求められる．最終的プロトタイプも，ここで記述したようなものではなく，もっと最終製品に近いものが求められる．しかし，アイデア段階で，自分たちが考えた設計解の開発にとりかかる承認を得るため，時間と経費をあまりかけずに上司を説得しなければならないことがある．この場合のテストは，その説得に成功するか否かである．そこで成功して次の段階に進むことができたら，さらに厳しいテストが待ち受けている．そして最後は，やはり市場で売

れるか否かのテストである.

　工業製品は，市場に出す前にその性能を確認し，事故がないか徹底的にテストをしなければならない．福島原発事故が起こってみると，1号機の非常用復水器（IC：Isolation Condenser）は，40年前の立ち上げ以来，一度も運転試験をしていなかった．IC作動とともに響き渡る音と噴出する蒸気を知っていれば，運転員がICの不動作に気づき，福島原発事故はもっと違った経緯をたどった可能性は大きい[51]．

　ソフトウェアプロジェクトも，テスト不足が顕著である．みずほ銀行統合で2002年4月1日から発生した大規模システム障害はよく知られている．不十分なテストのまま運用を開始したのは，どうにも理解ができない．アメリカでは，デンバー国際空港の手荷物取扱いシステムの不具合が有名である．しかしこの事件の場合，当初の開港予定はおよそ2年遅れ，かつシステム規模を大幅に縮小したうえで運用を開始した．テストの時点で不具合が見つかり，それが修正されるまで本番は待ったをかけられた．テストは，徹底的に行わなければならない．

　本節で解説するテストは，製品テストではなく，企画段階の概念設計に関するテストである．概念設計のテストは，はっきりした製品テストと違い，識者にプレゼンテーションとプロトタイプを見せて，可能性ありやなしの判断を，その識者の尺度で測っていただくことである．学生プロジェクトのテストは甘いが，学生生活にとっては重要な位置づけにあるとともに，社会に出てからの考え方にも少なからず影響を与えよう．

　本気で起業や自分が所属する組織の中で，開発プロジェクトのGO/NO GOを決めるテストは，真剣そのものである．創造設計の成否は，最終的にこのテスト段階で決まる．

第7章　失敗知識活用設計法

　ここまで，第1章〜第3章で失敗学，第4章〜第6章で創造設計について解説してきた．本章では，同じ失敗を繰り返さないための失敗学と，いままでにない機能を実現する創造設計がどのように結びつき，私たちの社会にどのような価値を生み出してくれるかを考える．

　15世紀から16世紀に活躍し，数多くの功績を残した天才 レオナルド・ダ・ヴィンチ（Leonardo da Vinci）は，人力飛行を夢見ていた．その設計図をもとに再現された，はばたき型飛行機の模型が東京ディズニーシーに展示されている．

　人力飛行の試みはダ・ヴィンチ以前からもあったが，人類初の有人滑空飛行は，1849年のジョージ・ケイリー（George Cayley）とされ[52]，発動機付きは1903年のライト兄弟とされている[53]．日本人でも，浮田幸吉（1757〜1847年），二宮忠八（1866〜1936年）といった名前が残されているが，どこまで成功したか，はっきりとした記録がないのは残念である．

　やがて，飛行機は旅客を乗せて飛ぶようになり，いまでは，一般人でも10時間あまりでアメリカ大陸やヨーロッパまで到達できるようになった．人力飛行では，東北大学が鳥人間コンテストで36 kmの日本記録を2008年に打ち立てている[54]．私たちが大空を高く飛び，半日ほどで地球を1/3周も移動できるようになったのも，先人たちの失敗と努力の積み重ねがあったればこそである．

　このように，創造的活動は，何もないところから突如現れるのではなく，多くの失敗があって初めて実現するものである．私たちは，日々 新たな課題を与えられ，それに対する解にすばやくたどり着くことが求め

られている．設計者であれば新しい設計であるし，商社であれば商談の成立，教育者であれば教え子の卒業であろう．そのときに，何もない状態から出発したのでは失敗をするに違いない．失敗の経験と多くの失敗知識があってこそ，有効な解をすばやく見つけられるのである．それも，より多くの知識があれば試す道筋も少なく，効率がよい．私たちは，東京ディズニーシーに鎮座しているレオナルド・ダ・ヴィンチが考えたはばたき型人力飛行機を見れば，「これは飛べない」と即座に判断できる．それは，空を飛ぶ機械がエンジン付きにしろ，人力型にしろ，どのようなものであるかを知っているからである．

本章は，私たちの能力を超えて世に存在する多くの失敗知識を如何に有効活用するか，その手法を一つ提案するものである．

7.1 失敗の軌跡

2012年12月2日，山梨県大月市にある笹子トンネルで約140mの区間でコンクリート製天井板が突然崩落し，車両3台が巻き込まれ，9名の方が亡くなった[55]．

天井板が崩落した部分の笹子トンネル断面は，おおよそ図7.1のような形状をしていた．コンクリート板は，トンネル内の空気をその上に吸い上げ，トンネル外に排出することで，自動車からの排気ガスをトンネル外に強制的に排出する排気路をつくっていた．

降伏点3.9 tonのM16アンカーボルトには，均等加重で1.8 tonの

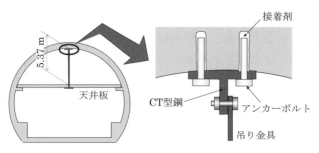

図7.1 笹子トンネルの井板を吊るす構造

引抜き力が作用する設計であった[56]. 地震や大型車両の通行による振動を考慮したかどうかも問題であるが，図7.1の右側に示すように，天井最上部のコンクリートにアンカーボルト径よりやや大きいボルト孔を開け，中にボルトを押し込んだときにエポキシ接着剤が充填される構造であった.

参考文献56)では，この充填が不十分であったことや，樹脂の経年劣化など，多くの失敗要因を説明しているが，ねじを上向きに施工し，そのねじ山で，大きな常時引張り力を持たせた基本構造が問題であろう. 事実，同文献では，同じ構造のトンネルがあれば，構造を変えるか，別構造を追加し，新たに施工をする場合は，この上向きのアンカーボルトで重量物を保持する構造を避けるよう勧告している.

笹子トンネルの事故が発生した後，調べてみると2006年にボストンでもほとんど同じような事故が起こっていた. 参考文献56)にも引用されているこの事故調査報告書57)によると，事故は州間高速道90号（I-90）で，ボストン・メイン水路をくぐってローガン空港に向かうテッド・ウィリアムズトンネルの手前で発生した. 笹子トンネルと同じく，排気路と通行面を仕切っていたコンクリート板の10枚が，それを吊るしていた構造物もろとも崩落し，通行中の乗用車を押しつぶして，助手席に座っていた運転手の夫人が死亡した. 落ちた構造物の総重量は23 tonを越えていた.

コンクリート板は，笹子トンネルとほぼ同じ構造で，天井から吊るされていた. 図7.2に参考文献57)の図をそのまま引用する. ただし，元図はカラーで，ボルトとボルト穴の間に充填されていたエポキシ接着剤は黄色で示されていたが，グレー表示をしたらエポキシの黄色と周りのコンクリートの色がほぼ同じになってしまうため，エポキシ部分は白く抜いた.

参考文献57)は，施工業者が，指定されていた硬化に長時間を要する

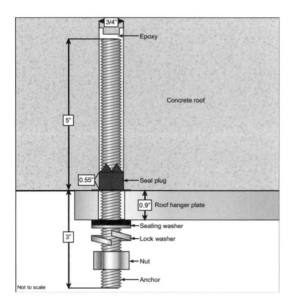

図 7.2 ボストンの高速道 I-90 で崩落したコンクリート板吊りアンカーボルトの構造 [57]

エポキシ接着剤ではなく，速乾性のエポキシ接着剤を使用したことを原因の一つとしたが，最終章では，接着剤を用いたアンカーボルトは，定常的に引張り力が作用する条件では使用しないよう提言している．笹子トンネルの事故調査による提言とまったく同じである．

ボストンで事故を起こした I-90 のコンクリート板構造の施工は 1993 年，一方の笹子トンネルは 1995 年のことであった．事故は，それぞれ 2006 年（ボストン）と 2012 年（笹子）であったから，それぞれの設計者が他方の事故に学ぶことはありえなかった．どちらの設計者も，それまで技術的に重量物を垂直に吊るす構造として使用されていた接着剤によるアンカー法が，その機能を失うような損傷をするとは思わなかったのである．

設計時に自分の設計にどのような損傷が起こるか評価する手法に，フォルトツリー解析（FTA : Fault Tree Analysis）[58] や，故障モード影響解析（FMEA : Failure Modes and Effects Analysis）[59] がある．FTA が起こってほしくない損傷が発生するための条件を考えるトップダウンの手法であるのに対し，FMEA は，製品に使用されている全部品の損傷確率から出発し，その影響を受ける機能や影響の度合いを定量化し，そのま

までは放っておけない部品やアセンブリの あぶり出しを行うボトムアップの手法である．どちらもアメリカで，FMEA は 1940 年代，FTA は 1960 年代に，軍需・宇宙航空プログラムの中で開発された．

これら手法は，現代の複雑な設計で，問題を起こしそうな箇所，損傷をしたときに致命的な結果につながる箇所を同定するのに非常に有効であり，多くの設計で利用されている．ただし，どちらも同じ限界があり，解析の対象となるのは設計者，そしてその周りの設計審査を行う者，設計グループにいるメンバーの知識や経験に限定されるのである．

先の笹子トンネルや，ボストン I-90 のトンネルの入口部分を設計した人たちにとっては，事故がまだ起こっていなかったため，接着剤アンカーがその機能を損傷することは思いもよらなかったのである．本章では，設計者に，自分が経験や知識を持たない損傷モードに気づかせるための方策を考える．

図7.3 に，笹子トンネルの主な構成要素の思考展開図を示す．損傷したアンカーボルトの周りは，他より詳細に展開されている．図中，太線で強調してあるのが「失敗の軌跡」である．失敗の軌跡は，エポキシ接着剤でコンクリート板を支える吊下げ金具を天井に固定するアンカーボルトを，ボルト穴に固着させる機能が損なわれたところが起点である．その損傷が，機能領域を左に伝播してより上位の機能が次々に損なわれ，構造領域を右に伝播して構造が破壊されていった．この事故の失敗の軌跡を 図 7.4 に示す．

ボストン I-90 の事故に関する失敗の軌跡は，製品要求機能が「市街地地下をテッド・ウィリアムズトンネルの入口まで自動車通路を確保する」ということと，製品が「テッド・ウィリアムズトンネルの入口自動車路」である以外はまったく同じである．これら二つの失敗の軌跡を提示されたとき，それらの相似性を見つけるのは簡単である．しかし，損傷モードの類似性は，ここまでそっくりでなくても，設計者の意図している解

90　第7章　失敗知識活用設計法

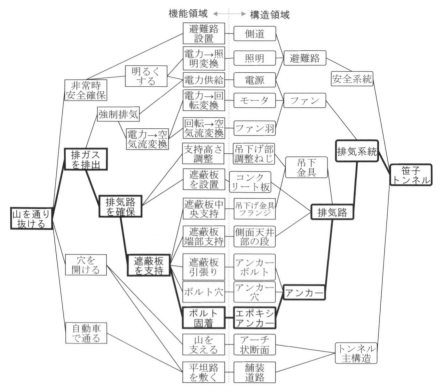

図 7.3　笹子トンネル主要部の思考展開図

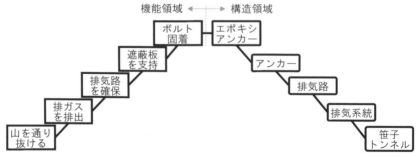

図 7.4　笹子トンネル事故の敗の軌跡

法が，他所で発生した事故において他の設計者が意図した解法に似ていることを定量的に示さなければならない．

7.2 機能と構造の記述要素の抽象化と階層化

2.2 節に解説したように，失敗知識データベースの編纂を始めたとき，記述項目の見出しは共通にした．それと同様，失敗の軌跡のノード，すなわち機能と構造は，同じ概念を表すのにバラバラな言葉を使っていては共通性を見つけるのは困難になる．しかし，失敗の軌跡を作成しているとき，つまり設計者の思考展開を再構築しているときは，定義者が自由に言葉を選べたほうがよい．そこで，図 7.4 の失敗の軌跡を作成するときは自由に言葉を選び，その作業が終わったら，各ノードには決まった記述要素の選択肢から記述要素の言葉を選択すればよい．要求機能は，典型的に「他動詞＋目的語」のかたちをとり，構造は「名詞句」である．**表7.1** に，要求機能と構造の記述要素を示す．

記述要素の他動詞には動詞句の選択肢，要求機能の表現に使用する目的語は名詞句であるので，これは構造の表現に使用する名詞句と共通の名詞句選択肢を用意すればよい．これら語句要素は，二つの要素が選択されたときに，その二つがどれだけ近いかを定量的に表現しなければならない．そこで，使用できる要素は，それぞれ動詞句と名詞句の階層構造に入れていけばよい．**表7.2** に，その階層構造の一部を示す．

この語句の階層構造に含まれる二つの要素 e_1, e_2 間の「距離」Dist (e_1, e_2) を一方の要素から他方の要素までの最短路に含まれる両端を含めたノードの数とする．

表7.1 思考展開図ノードの記述要素

	要求機能	構造
	他動詞	名詞句 1
記述要素	目的語 1	名詞句 2
	目的語 2	:
	:	

$$\text{Dist}\,(e_1,\, e_2) = (\text{number of nodes in the shortest link between } e_1 \text{ and } e_2, \text{ both ends inclusive}) \tag{7.1}$$

表 7.2　動詞句階層と名詞句階層の例

動詞句階層	名詞句階層
├ 相対位置を決める │　├ 相対位置を固定する │　│　├ 接合する │　│　├ 締め付ける │　│　└ 拘束する │ ├ 相対運動を拘束する │　├ 軌道運動をさせる │　├ 回転運動をさせる │　└ 平行運動をさせる	├ 機械式接合　　　　　　　├ 機械要素 │　├ ボルト止め　　　　　　├ 接合要素 │　├ リベット止め　　　　　│　├ ボルト │　└ かしめ　　　　　　　　│　├ ナット │　　　　　　　　　　　　　│　├ ばか穴 ├ 粘着式接合　　　　　　　│　└ めねじ │　├ 金属で溶着　　　　　　├ 力伝達要素 │　│　├ 溶接 │　│　├ ろう付け　　　　　├ 材質 │　│　└ はんだ付け　　　　│　├ 金属 │　└ 接着剤で接着　　　　　│　├ 鉄 │　　　├ エポキシ接着剤　　│　├ アルミ │　　　├ 瞬間接着剤　　　　│　├ 銅 │　　　└ 木工用ボンド　　　│　├ プラスチック │　　　　　　　　　　　　　│　└ コンクリート

　この定義により，距離の最小値は二つのノードが同一のときで 1 である．この距離が短いほど二つのノードは類似性が高いので，類似性 $Sim(e_1, e_2)$ は，その逆数とする．

$$Sim(e_1, e_2) = Dist(e_1, e_2)^{-1} \qquad (7.2)$$

　この定義により，同一ノードは 1/1 で $Sim(e_1, e_2)$ の最大値 1 となり，上下に隣接するノードでは 1/2 で 0.5，共通の親を持つノード間では 1/3 となる．図 7.5 に，いくつかの例を示す．たとえば，表 7.2 で木工用ボンドとリベット止めの類似性は，$Dist$（木工用ボンド，リベット止め）= 5，

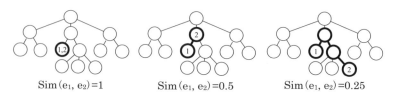

図 7.5　語句階層中の要素の類似性評価

7.2 機能と構造の記述要素の抽象化と階層化　　93

Sim（木工用ボンド，リベット止め）＝1/5＝0.2 となる．

　次に，図 7.4 に示したような失敗の軌跡が二つあったときに，その二つの軌跡間の類似度を定量的に評価しなければならない．その類似度評価で最も重要なのは，失敗の起点，すなわち失敗の軌跡が機能領域から構造領域に渡るところの要素機能と構造要素である．同じ構造要素で同じ要素機能を実現しようとして失敗した事例が失敗知識データベースにあれば，新しい設計もそのところで失敗する可能性が高い．

　ここで注意しなければならないのは，失敗の軌跡を定義するときに，どこまで細かく設計を見るかが人によって違うことである．したがって，失敗の起点だけ，すなわち新しい設計の中の要素機能と構造要素との関係だけを見ていたのでは，それと類似度の高い失敗事例を見逃す可能性がある．そのため，機能領域側では，要素機能に加えてその上流の機能を二つまで，軌跡の類似性評価に加えることにする．

　これに対して構造領域では，構造の抽象度が上がる，すなわち軌跡を右にたどると，アセンブリ名にたどりつく．様々な設計のアセンブリ名を共通の階層構造にはめることは難しく，収束しそうもない．また，上位の構造名による軌跡の類似度評価への貢献は少ないとみなして，軌跡の類似性評価は，構造領域では構造要素だけにとどめる．図7.6 に，笹子トンネルの失敗の軌跡を例に，その類似性評価に使用するノードと，それぞれのノードに関連付けた語句階層からの言葉を示す．この四つのノードを『失敗の軌跡 4 ノード』と呼ぶ．

　さて，類似性評価は一つの軌跡では何もできず，相手があって初めて評価がなされるものである．以下に，二つの軌跡の類似性評価をどう行うか示す．

　二つの軌跡には，それぞれ階層関係のある機能ノードが三つと，構造要素の構造ノードが一つある．各機能ノードには，動詞句が一つと，名詞句が複数個ある．一つだけある構造ノードには，名詞句が複数個ある．

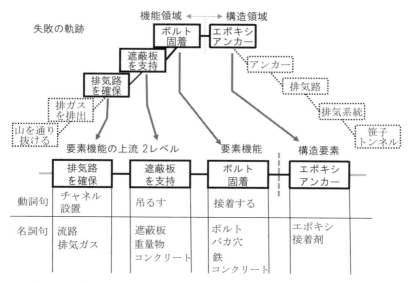

図 7.6 笹子トンネル事故の失敗の軌跡 4 ノードと軌跡表現語句

構造ノードの位置を 1 とし，機能ノードは，機能・構造の境界に近い順に 2, 3, 4 とする．それぞれの名詞と動詞を図 7.7 に示すように記号で表記する．各ノードの直上にある w は，類似度に寄与するそれぞれのノードの重みである．この重みは，どのノードも均等に類似度に寄与させるには，$w_1 = w_2 = w_3 = w_4$ とし，機能・構造の境界からの距離に応じて半減させる $w_1 = w_2 = 4, w_3 = 2, w_4 = 1$ などとしてもよい．

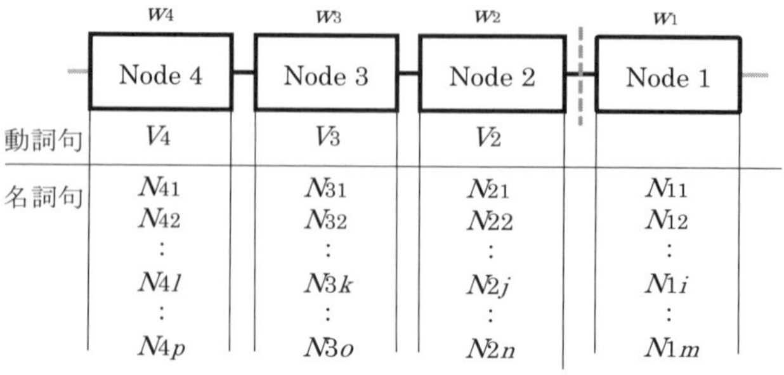

図 7.7 軌跡の類似度を計算するためのノード重みと語句記号

類似性評価を行う二つの軌跡を A, B で表示し，それぞれの軌跡を構成するノードから一つずつ選んだ二つのノードの類似度を

7.2　機能と構造の記述要素の抽象化と階層化　　95

λ で表記すると，失敗の軌跡4ノードと設計の実現4ノード全体の類似度 Λ は，以下のように表現される．

$$\Lambda = \lambda(\text{Node A}_1,\ \text{Node B}_1) + \sum_{i,j=2\cdots 4} \lambda(\text{Node A}_i,\ \text{Node B}_j) \qquad (7.3)$$

次に2ノード間の類似度 λ は，構造ノードの場合は比較する動詞句がないので式(7.4)となり，機能ノードの場合は式(7.5)となる．

$$\lambda(\text{Node A}_1,\ \text{Node B}_1) = \frac{w_{\text{A}1}\,w_{\text{B}1}}{n \cdot m} \sum_{\substack{k=1\cdots n \\ l=1\cdots m}} \text{Sim}(N_{\text{A}ik}, N_{\text{B}jl}) \qquad (7.4)$$

$$\lambda(\text{Node A}_i,\ \text{Node B}_j)$$

$$= w_{\text{A}i}\,w_{\text{B}j}\{\text{Sim}(V_{\text{A}i}, V_{\text{B}j}) + \frac{1}{n \cdot m} \sum_{\substack{k=1\cdots n \\ l=1\cdots m}} \text{Sim}(N_{\text{A}ik}, N_{\text{B}jl})\} \qquad (7.5)$$

ただし，n, m はノード $\text{A}_i,\ \text{B}_j$ が，それぞれ持つ名詞句の数である．類似度をそれぞれのノードが持つ名詞句数で割るのは，名詞句数が多いと類似度が上がるような現象を避けるためである．つまり，各名詞句ペアの類似性の最大値は1なので，この名詞句数での除算により，ノード間の名詞句類似性が1を超えることはない．

$w_{\text{A}i},\ w_{\text{B}j}$ は，図7.7に示した語句ノード $\text{A}_i,\ \text{B}_j$ に類似性評価者が与えた重みである．これら重みは，設計や失敗の軌跡でバラバラに設定するのではなく，一つの評価では，図に示したノード位置による四つの重みは軌跡間で同じ数値を使用する．式(7.5)で，動詞句部分の類似性最大値が1，名詞句部分の類似性最大値も1なので，軌跡間の類似性評価最大値は，次式のようになる．

$$\Lambda_{\max} = w_{\text{A}1}\,w_{\text{B}1} + 2 \sum_{i,j=2\cdots 4} w_{\text{A}i}\,w_{\text{B}j} \qquad (7.6)$$

すべてのノードを均等（$w=1$）に扱えば，類似性の最大値は $1+2*9=19$ になり，4, 2, 1 の重み分布を使用すれば，$\Lambda_{\max}=16+2*49=114$ とな

96 第7章 失敗知識活用設計法

る．2軌跡の類似性が最大になるというのは，後に示すDistマトリクスの全成分が1，すなわち非対角成分も一致しなければならず，すべてのノードで同じ一つの動詞句と，一つの名詞句を使用していることになり，現実的ではない．

では，4, 2, 1の重み分布で現実的な2軌跡の最大類似性はいくつだろうか．式(7.7)の初項が16になるのは，どちらの構造要素が同じ名詞句であることなので，十分にありうる．2項目の最大値は，マトリクスで考えるとわかりやすい．表7.3に示すのが，以降の解析でも使用するDist，Sim, Lambdaのマトリクスである．最初のDistには式(7.1)の定義，中央のSimには式(7.2)，最後のLambdaは式(7.5)が適用する．二つの

表7.3 2軌跡間, 3連句の類似性最大値 (現実的な数値)

Dist				
	T_{rA}	V_{A2}	V_{A3}	V_{A4}
T_{rB}	重み	$w_{A2}=4$	$w_{A3}=2$	$w_{A4}=1$
V_{B2}	$w_{B2}=4$	1	2	3
V_{B3}	$w_{B3}=2$	2	1	2
V_{B4}	$w_{B4}=1$	3	2	1

Sim＝1/Dist				
	T_{rA}	V_{A2}	V_{A3}	V_{A4}
T_{rB}	重み	4	2	1
V_{B2}	4	1	0.5	0.3333
V_{B3}	2	0.5	1	0.5
V_{B4}	1	0.333	0.5	1

合計 5.67

λ＝Sim＊w_{Ai}＊w_{Bj}				
	T_{rA}	V_{A2}	V_{A3}	V_{A4}
T_{rB}	重み	4	2	1
V_{B2}	4	16	4	1.333
V_{B3}	2	4	4	1
V_{B4}	1	1.333	1	1

合計 33.67

軌跡で, 要素機能にまったく同じ動詞句を使用したとして $Dist(V_{A2}, V_{B2})$ =1 であるが, それぞれの軌跡で上位ノードで同じ動詞句を使い続けることはない. そのため, Dist マトリクスの非対角成分は, 同一動詞句ではないが, 階層の中で最も近い2動詞の距離 $Dist(V_{A2}, V_{B3})$ =2 と, その次の $Dist(V_{A2}, V_{D3})$ =3 となる. Lambda マトリクスの各要素は, Sim マトリクスの要素に行, 列の二つの重み w_{Ai} と w_{Bj} を掛け合わせて求められる.

表 7.3 は, 動詞句にも名詞句にも当てはまり, 4, 2, 1 の重み分布を使用したときの現実的な最大類似性は, Λ_{max}' =16+2*33.67=83.34 となる. 重み均等の場合は, 表の中央の図より, 最大値 19 ではなく 1+2*5.67=12.3 となる.

> ### 失敗知識活用設計演習：類似性最大値
> 4, 2, 1 の半減モデルではなく, 機能と構造の境界からの距離によって重みが1ずつ減るモデル $w_1 = w_2 = 3$, $w_3 = 2$, $w_4 = 1$ とした場合に, 2軌跡間の類似性最大値はいくらになるか考えてみよう.

7.3 知力補完計画

第2章で紹介した失敗知識データベースには, 1000 件以上の事故事例が記述されていることを述べた. これら各事例についての失敗の軌跡 4 ノードと, それらを表現する語句の選定は, 現在進行中の開発である. 新しい設計ができ上がったとき, それを失敗知識データベースに蓄積された事故の知識と比較することによって, 設計者が思いもしなかった設計のウィークポイントを設計者に気づかせることができる. 知識ベースは設計者の知識になく, 外置きされていると考えればよい.

これを, 限定された設計者の知識を外部の知識ベースで補完するという意味で『知力補完計画』と呼ぶ. この計画を完遂するためには, 上に述べたように失敗知識データベースの各事例について, 失敗の軌跡 4 ノー

98 第 7 章 失敗知識活用設計法

ドとそれらを表現する語句の選定のほか，表 7.2 に示した動詞句と名詞句の階層を完成させなければならない．これら開発が済んだと仮定して，以下に知識補完アルゴリズムがどう進行するか解説する．

図 6.29 で完成したラッチレバー式自昇地階脱出トロッコの思考展開図から，失敗知識データベースにある失敗の軌跡 4 ノードと比較しなければならない設計の実現 4 ノード，すなわち各構造要素とそれに対応する要素機能，およびその要素機能の上位二つまでの要求機能を図 7.8 に書き出す．この設計の実現 4 ノードは，便宜的に軌跡と呼ぶこともある．

この設計では，全部で 12 組の設計の実現 4 ノードがあり，これらをすべて失敗知識データベースの 1000 個以上の事故事例の失敗の軌跡 4 ノードと類似性を比較することになる．ここでは，例として図 7.7 中の上から五つ目にあるラッチストッパを例に取り上げよう．このラッチストッパにつながる設計の実現 4 ノードに，図 7.7 にあるように動詞句と名詞句を後掲の動詞句階層（図 7.11）と名詞句階層（図 7.10）から選び出したのが図 7.9 である．

これらラッチストッパにつながる設計の実現 4 ノード (A) と，図 7.6 に示した笹子トンネル事故の失敗の軌跡 4 ノード (B) の類似性は，以下のように評価する．使用するノードの重みは，半減法の 4, 2, 1 を使う．

まず，名詞句の階層構造を二つの軌跡に使用しているすべてを含む部分を図 7.10 に示す．構造要素のノードに使用した名詞句，エポキシ接着剤とノッチを四角で囲んである．この例のほか，後出の解析に使用する名詞句も図の階層に含まれている．

図 7.10 から，これら二つの名詞句間距離 $\mathrm{Dist}(N_{A1}, N_{B1})$ は 11 となり，類似性 $\mathrm{Sim}(N_{A1}, N_{B1})$ は 0.09 と，そのとりうる最大値 1.0 の 10 ％ 程度である．類似性への寄与分は，それぞれのノードが重み 4 を持つため，4 *4* $\mathrm{Sim}(N_{A1}, N_{B1})$ =1.44 である．

次に，機能ノードの類似性を評価するのに，まず名詞句部分を見る．

7.3 知力補完計画　99

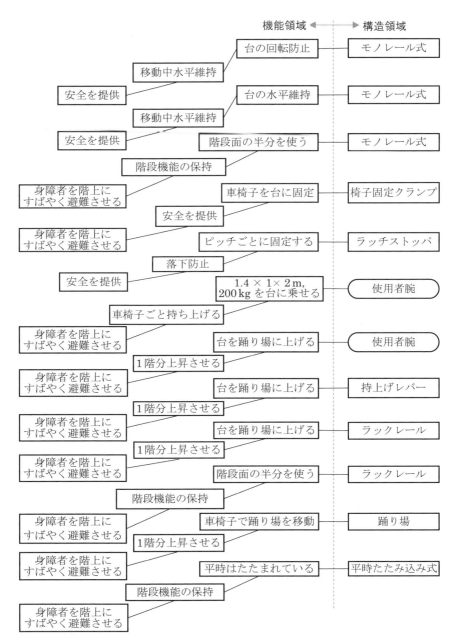

図 7.8　ラッチレバー式自昇地階脱出トロッコの設計の実現 4 ノード

第7章 失敗知識活用設計法

	安全を提供	落下防止	ピッチごとに固定する	ラッチストッパ
動詞句	提供する	防止する	重量を支える	
名詞句	安全	落下 自重	段	ノッチ

図7.9 ラッチストッパにつながる設計の実現4ノードを抽象化する動詞句と名詞句

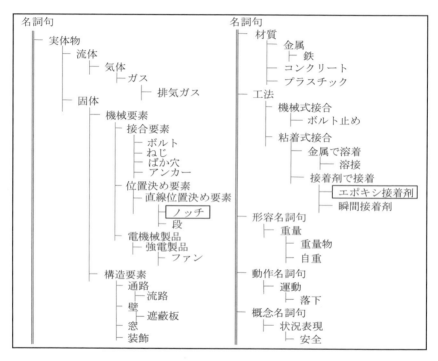

図7.10 名詞句の階層(部分)

表7.4に，それぞれのノードに使用されている名詞句と2ノード間の距離 Dist を表中に書き込んである．**表**7.5 には Dist の逆数 Sim，**表**7.6 に各名詞句の重みを同じノード内にある名詞句の数で割って修正した重みを使用して機能ノードの名詞句部分による類似性を算出している．表 7.6 の重み付き類似性の数字を足し合わせると 6.55 になる．

7.3 知力補完計画

表7.4 機能ノードの名詞句間の距離

Dist				ボルト	バカ穴	鉄	コンクリート	遮蔽板	重量物	コンクリート	流路	排気ガス
			失敗の軌跡名詞句									
			重み	4				2			1	
		重み	修正	1	1	1	1	0.67	0.67	0.67	0.5	0.5
設計の実現名詞句	段	4	4	6	6	10	9	8	10	9	8	10
	落下	2	1	9	9	7	6	9	7	6	9	9
	自重		1	9	9	7	6	9	3	6	9	9
	安全	1	1	9	9	7	6	9	7	6	9	9

表7.5 機能ノードの一名詞句間の類似性

Sim				ボルト	バカ穴	鉄	コンクリート	遮蔽板	重量物	コンクリート	流路	排気ガス
			失敗の軌跡名詞句									
			重み	4				2			1	
		重み	修正	1	1	1	1	0.67	0.67	0.67	0.5	0.5
設計の実現名詞句	段	4	4	0.17	0.17	0.10	0.11	0.13	0.10	0.11	0.13	0.10
	落下	2	1	0.11	0.11	0.14	0.17	0.11	0.14	0.17	0.11	0.11
	自重		1	0.11	0.11	0.14	0.17	0.11	0.33	0.17	0.11	0.11
	安全	1	1	0.11	0.11	0.14	0.17	0.11	0.14	0.17	0.11	0.11

表7.6 機能ノードの一名詞句間の重み付き類似性

重み修正類似性				ボルト	バカ穴	鉄	コンクリート	遮蔽板	重量物	コンクリート	流路	排気ガス
			失敗の軌跡名詞句									
			重み	4				2			1	
		重み	修正	1	1	1	1	0.67	0.67	0.67	0.5	0.5
設計の実現名詞句	段	4	4	0.67	0.67	0.40	0.44	0.33	0.27	0.30	0.25	0.20
	落下	2	1	0.11	0.11	0.14	0.17	0.07	0.10	0.11	0.06	0.06
	自重		1	0.11	0.11	0.14	0.17	0.07	0.22	0.11	0.06	0.06
	安全	1	1	0.11	0.11	0.14	0.17	0.07	0.10	0.11	0.06	0.06

合計 6.44

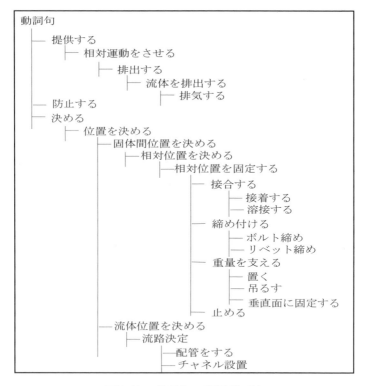

図 7.11 動詞句の階層(部分)

最後に，動詞句の階層から 2 軌跡の動詞句間距離を求め，類似性を導く．一つのノードに動詞句は複数なく，句の個数による修正の必要がない．図 7.11 に動詞句の階層，表 7.7 に距離 Dist，類似性 Sim，重みで修正した数値をまとめて示す．

表 7.7 の重み修正済み動詞句間類似性を合計すると 11.00 になる．先の構造要素類似性の 1.44，機能名詞句による類似性の 6.44 と合わせて，18.88 の合計得点になる．現実的な最高得点が 83.34 点であるので，23.0％の類似性という結果が得られた．今回設計したラッチレバー式自昇地階脱出トロッコのラッチストッパは，笹子トンネルの天井板落下事故を気にすることはないということである．強いて点数につながった箇

表 7.7　動詞句間の距離，類似性とその重みによる修正

Dist			失敗の軌跡動詞句		
			接着する	吊るす	チャネル設置
		重み	4	2	1
設計の実現動詞句	固定する	4	3	3	7
	防止する	2	9	9	7
	提供する	1	9	9	7

Sim			失敗の軌跡動詞句		
			接着する	吊るす	チャネル設置
		重み	4	2	1
設計の実現動詞句	固定する	4	0.33	0.33	0.14
	防止する	2	0.11	0.11	0.14
	提供する	1	0.11	0.11	0.14

重み修正類似性			失敗の軌跡動詞句		
			接着する	吊るす	チャネル設置
		重み	4	2	1
設計の実現動詞句	固定する	4	5.33	2.67	0.57
	防止する	2	0.89	0.44	0.29
	提供する	1	0.44	0.22	0.14

合計　11.00

所を探すと，要素機能の動詞句が，前者は「固定する」，後者が「接着する」と，間に「接合する」を挟んで非常に近かった程度である．

　上記の解析で使用した失敗事例は，笹子トンネルの天井板崩落事件である．ボストン I–90 事故を引き起こしたアンカーボルト接着剤を使用した設計者の意図を再構築して，笹子と比較しても，これはほとんど現実的満点の 83.34 点に近い類似性が得られるだけである．知力補完計画は，もちろんそれはできることであるが，二つの失敗の類似性を評価するためのものではない．

　ここでは，根底にある荷重支持方式が笹子トンネルの問題と似ている新しい設計を考えて，どのような類似性評価が得られるかをみてみよう．

　スイスを歩くと，街でも郊外の観光地でも，2 階以上の窓という窓の下に花を植えているホテルや民家が多い．もちろん屋内ではなく，道行く人を楽しませるように窓枠の外側にフラワーボックスを置いて花を植えているのである．これを日本のマンションの窓に取り付けるのは，下の

第 7 章　失敗知識活用設計法

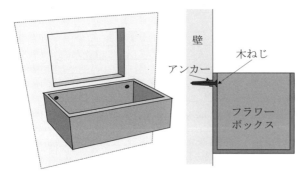

図 7.12　窓の外に花を植えるためのフラワーボックス 1

住人が洗濯物を干すこともあるので，管理組合が承認しそうもないが，夢の持ち家があると仮定して，2 階窓の下にフラワーボックスを吊るすことを考えよう．

まずは，図 7.12 のような単純な設計を考えてみた．この設計の思考展開図と，危険箇所と見られるアンカーにつながる設計の実現 4 ノードの動詞句，名詞句を図 7.13 に示す．

今回の設計の実現 4 ノードでは，構造側のラッチストッパに比べてア

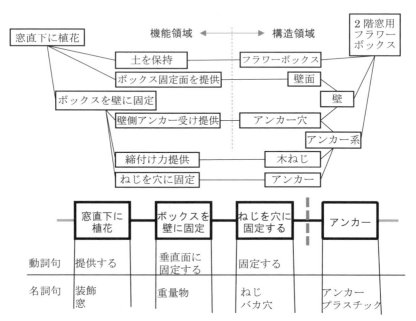

図 7.13　フラワーボックス 1 の思考展開図と危険な設計の実現 4 ノード

ンカーに二つの名詞句,「アンカー」と「プラスチック」を割り当てた. そのため, 構造側名詞句の類似性評価は **表7.8**, 機能側動詞句, 名詞句の類似性評価はそれぞれ **表7.9**, **表7.10** のようになる. 以上, 三つの類似性を合計すると, 1.94+12.54+10.59=25.26 となり, 満点83.34点に対して類似性は30.1 % となる.

表7.8 フラワーボックス, アンカーと笹子トンネル, エポキシアンカーの名詞句類似性

			エポキシ樹脂		
			Dist	Sim	重み修正類似性
		重み	4	4	4
アンカー	4	2	10	0.100	0.800
プラスチック		2	7	0.143	1.143

合計 1.943

表7.9 フラワーボックス, アンカーと笹子トンネル, エポキシアンカーの動詞句類似性

Dist			失敗の軌跡動詞句		
			接着する	吊るす	チャネル設置
		重み	4	2	1
設計の実現動詞句	固定する	4	3	3	7
	垂直面に固定する	2	5	3	9
	提供する	1	9	9	7

Sim			失敗の軌跡動詞句		
			接着する	吊るす	チャネル設置
		重み	4	2	1
設計の実現動詞句	固定する	4	0.33	0.33	0.14
	垂直面に固定する	2	0.20	0.33	0.11
	提供する	1	0.11	0.11	0.14

重み修正類似性			失敗の軌跡動詞句		
			接着する	吊るす	チャネル設置
		重み	4	2	1
設計の実現動詞句	固定する	4	5.33	2.67	0.57
	垂直面に固定する	2	1.60	1.33	0.22
	提供する	1	0.44	0.22	0.14

合計 12.54

表 7.10 アンカーとエポキシアンカーの機能領域側名詞句類似性

			失敗の軌跡名詞句								
			ボルト	バカ穴	鉄	コンクリート	遮蔽板	重量物	コンクリート	流路	排気ガス
Dist			4				2			1	
	重み		1	1	1	1	0.67	0.68	0.68	0.5	0.5
実現設計の名詞句	ねじ	4 / 2	3	3	9	8	7	9	8	7	9
	バカ穴	2	3	1	9	8	7	9	8	7	9
	重量物	2 / 2	9	9	7	6	9	1	6	9	9
	窓	1 / 0.5	6	6	8	7	4	8	7	4	8
	装飾	0.5	6	6	8	7	4	8	7	4	8

			失敗の軌跡名詞句								
			ボルト	バカ穴	鉄	コンクリート	遮蔽板	重量物	コンクリート	流路	排気ガス
Sim			4				2			1	
	重み		1	1	1	1	0.67	0.67	0.67	0.50	0.50
実現設計の名詞句	ねじ	4 / 2	0.33	0.33	0.11	0.13	0.14	0.11	0.13	0.14	0.11
	バカ穴	2	0.33	1	0.11	0.13	0.14	0.11	0.13	0.14	0.11
	重量物	2 / 2	0.11	0.11	0.14	0.17	0.11	1	0.17	0.11	0.11
	窓	1 / 0.5	0.17	0.17	0.13	0.14	0.25	0.13	0.14	0.25	0.13
	装飾	0.5	0.17	0.17	0.13	0.14	0.25	0.13	0.14	0.25	0.13

			失敗の軌跡名詞句								
			ボルト	バカ穴	鉄	コンクリート	遮蔽板	重量物	コンクリート	流路	排気ガス
重み修正類似性			4				2			1	
	重み		1	1	1	1	0.67	0.67	0.67	0.5	0.5
実現設計の名詞句	ねじ	4 / 2	0.67	0.67	0.22	0.25	0.19	0.15	0.17	0.14	0.11
	バカ穴	2	0.67	2.00	0.22	0.25	0.19	0.15	0.17	0.14	0.11
	重量物	2 / 2	0.22	0.22	0.29	0.33	0.15	1.33	0.22	0.11	0.11
	窓	1 / 0.5	0.08	0.08	0.06	0.07	0.08	0.04	0.05	0.06	0.03
	装飾	0.5	0.08	0.08	0.06	0.07	0.08	0.04	0.05	0.06	0.03

合計 10.59

7.3 知力補完計画　107

　ラッチストッパに比べれば 1.3 倍程度の類似性であるが，設計者に警告を与えるほどでもない．神経質な設計者であれば，アンカーの引抜けを恐れ，たとえば**図 7.14** のようなより強固な設計に変更するかもしれない．この設計では，アンカーの引抜けは，フラワーボックスに土が入れられたときの重心が壁より外にあるために発生するモーメントにより起こる．そのため，アンカーを施す位置を遠ざけることにより，引抜き力は断然小さくなる．

　もっと近い例を考えよう．事故を起こした笹子トンネルの換気装置は，換気ダクトを設けた横流換気方式と呼ばれるものであった．事故の後，ダクトを形成していたコンクリート板は撤去され，縦流換気方式と呼ばれる送風機を取り付けたものになった．ウィキペディア[60)]では，現在の様子が写真で示されている．これは，**図 7.15** に示すような構造で，少し長いトンネルではよく見かけるものである．笹子トンネルの管理運営を請け負っていた中日本高速道路（株）（NEXCO）のホームページでも，安全への取組みとして，横換気方式から縦流換気方式への移行を説明している[61)]．

　笹子トンネルでは，ジェットファンと呼ばれる大型の排気ファン

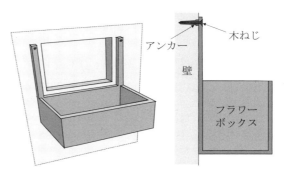

図 7.14　窓の外に花を植えるためのフラワーボックス 2 — 抗引き抜けタイプ

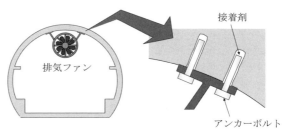

図 7.15　縦流換気方式

が二つ並んで取り付けられている．しかし上述の写真では，天井への固定がアンカーボルトなのかはわからない．NEXCO のホームページでは，支持構造の二重化を謳っており，ファン1台につきアンカーボルトを30本近く使用しているように見える．ジェットファンの重量が 0.5 ton から 2.5 ton 程度[62]なので，1本当たりの受持ち荷重が 100 kg 程度のようである．ウィキペディア[60]によると，事故前の設計では，アンカーボルト1本当たりの平均荷重が 1.2 ton であったから 1/10 程度となった．

笹子トンネルの改良が具体的にどうなっているかは不明であるが，図 7.15 のように換気ファンをアンカーボルトで吊っている構造のトンネルは多い．この部分の思考展開は，図 7.16 のようになる．問題のエポキシアンカーにつながる設計の実現4ノードと，それらの動詞句，名詞句を図 7.17 に示す．仮に，ここではこの設計者が材質には無頓着であったとして，笹子トンネルの失敗の軌跡4ノードの名詞句と多少変えてある．

図 7.17 と図 7.6 から2軌跡の類似性を解析すると，まず構造領域の名詞句が同一なので，ここでまず満点の 16 点となる．次に，動詞句の類似性を表 7.11，機能領域の名詞句類似性を表 7.12 に示す．三つの類似性を合算すると，16+24.42+11.42＝51.84 となり，現実的満点 83.34 点の

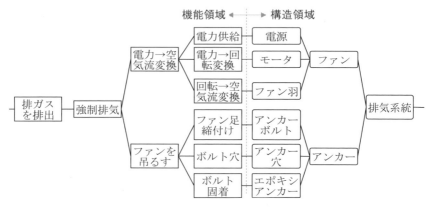

図 7.16 縦流換気方式を利用したトンネル換気システム

	強制排気	ファンを支持	ボルト固着	エポキシアンカー
動詞句	排気する	吊るす	接着する	
名詞句	排気ガス	ファン重量物	ボルトバカ穴	エポキシ樹脂

図7.17 縦流換気方式を利用したトンネル換気システムの危険な設計の実現4ノード

表7.11 エポキシアンカーにつながる二つの設計の動詞的類似性

Dist			失敗の軌跡動詞句		
			接着する	吊るす	チャネル設置
		重み	4	2	1
設計の実現動詞句	接着する	4	1	5	9
	吊るす	2	5	1	9
	排気する	1	13	13	11

Sim			失敗の軌跡動詞句		
			接着する	吊るす	チャネル設置
		重み	4	2	1
設計の実現動詞句	接着する	4	1.00	0.20	0.11
	吊るす	2	0.20	1.00	0.11
	排気する	1	0.08	0.08	0.09

重み修正類似性			失敗の軌跡動詞句		
			接着する	吊るす	チャネル設置
		重み	4	2	1
設計の実現動詞句	接着する	2	16.00	1.60	0.44
	吊るす	2	1.60	4.00	0.22
	排気する	1	0.318	0.15	0.09

合計 24.42

62.2％にもなる.

　実際にこの知力補完計画を適用するには，図7.8に示したように，自分の思考展開図から，機能領域から構造領域にわたる要素機能から構造要素へのマッピングと，要素機能についてその上位2レベルの要求機能を書き出し，書き出されたノードについて，その内容を抽象化した動詞句と名詞句をそれぞれの階層より選び出せばよい．これで，自分が創造した新しい設計で使用している設計の実現4ノード群が選定された．こ

110 第7章 失敗知識活用設計法

表7.12 エポキシアンカーにつながる二つの設計の機能領域動詞句類似性

Dist			失敗の軌跡名詞句								
			ボルト	バカ穴	鉄	コンクリート	遮蔽板	重量物	コンクリート	流路	排気ガス
			4				2			1	
重み			1	1	1	1	0.67	0.67	0.67	0.5	0.5
設計の実現名詞句 ボルト	4	2	1	3	9	8	7	9	8	7	9
バカ穴		2	3	1	9	8	7	9	8	7	9
ファン	2	1	6	6	10	9	8	10	9	8	10
重量物		1	9	9	7	6	9	1	6	9	9
排気ガス	1	1	9	9	9	8	9	9	8	9	1

Sim			失敗の軌跡名詞句								
			ボルト	バカ穴	鉄	コンクリート	遮蔽板	重量物	コンクリート	流路	排気ガス
			4				2			1	
重み			1	1	1	1	0.67	0.67	0.67	0.50	0.50
設計の実現名詞句 ボルト	4	2	1.00	0.33	0.11	0.13	0.14	0.11	0.13	0.14	0.11
バカ穴		2	0.33	1.00	0.11	0.13	0.14	0.11	0.13	0.14	0.11
ファン	2	1	0.17	0.17	0.10	0.11	0.13	0.10	0.11	0.13	0.10
重量物		1	0.11	0.11	0.14	0.17	0.11	1.00	0.17	0.11	0.11
排気ガス	1	1	0.11	0.11	0.11	0.13	0.11	0.11	0.13	0.11	1.00

重み修正類似性			失敗の軌跡名詞句								
			ボルト	バカ穴	鉄	コンクリート	遮蔽板	重量物	コンクリート	流路	排気ガス
			4				2			1	
重み			1	1	1	1	0.67	0.67	0.67	0.5	0.5
設計の実現名詞句 ボルト	4	2	2.00	0.67	0.22	0.25	0.19	0.15	0.17	0.14	0.11
バカ穴		2	0.67	2.00	0.22	0.25	0.19	0.15	0.17	0.14	0.11
ファン	2	1	0.17	0.17	0.10	0.11	0.08	0.07	0.07	0.06	0.05
重量物		1	0.11	0.11	0.14	0.17	0.07	0.67	0.11	0.06	0.06
排気ガス	1	1	0.11	0.11	0.11	0.13	0.07	0.07	0.08	0.06	0.50

合計 11.42

れらの軌跡と，失敗知識データベースに蓄えられた失敗の軌跡4ノードとの類似性評価は自動的に行われる．

　類似性評価の結果は，各設計の実現4ノードについて，類似性の高い

失敗の軌跡4ノードを含む事例を類似性の高い順にリストアップして設計者に提示する．設計者は，提示された事例について，その内容を学習し，自分の設計にその失敗の軌跡が当てはまるかどうかを考察をすればよいことになる．換気ファンをエポキシアンカーでトンネル天井から吊るすことを考えていた設計者は，笹子トンネルの事例を学習することになり，仕様として開示されているエポキシアンカーの引張強度で計算しただけで，本当に換気ファンを吊るしてよいかどうかもう一度考え直すことになる．

新たに創造された設計で壊れうる機能をリストアップすることにより，失敗知識データベースに蓄えられた過去に行われた設計で損傷して事故に至った既知の失敗の軌跡と比較し，その類似性を定量評価することができる．これにより，設計者が気づかなかった損傷のメカニズムに設計者が気づかされることができる．ただし，新しい設計につくり込まれた脆弱な損傷のメカニズムが，過去の事例として失敗知識データベースに記載がなければ，それはこの仕組みで拾い出すことはできない．

本書で述べた動詞句と名詞句の階層構造の定義，失敗知識データベースに蓄えられた事故の事例に関する失敗の軌跡の同定，さらに失敗知識データベースの事例数増加，これらの動作を継続していかなければならない．

参考文献

1) プレスリリース：「日本人の平均スコアは512点，48カ国中40位にとどまる」，TOEIC，2015年7月16日 [http://www.toeic.or.jp/press/2014/p016.html]

2) "Test and Score Data Summary for TOEFL iBT® Tests, January 2014–December 2014 Test Data," ETS [https://www.ets.org/s/toefl/pdf/94227_unlweb.pdf]

3) d.school : Institute of Design at Stanford [http://dschool.stanford.edu/]

4) 畑村洋太郎：「技術大国幻想の終わり ― これが日本の生きる道」，講談社現代新書（2015）

5) 石井浩介・飯野謙次：価値づくり設計，養賢堂（2007）

6) 畑村洋太郎：失敗学のすすめ，講談社（2000）

7) 実際の設計研究会：続々・実際の設計 ― 失敗に学ぶ，日刊工業新聞社（1996）

8) 畑村洋太郎・中尾政之・飯野謙次：「失敗知識データベース構築の試み」，IPSJ Magazine，情報処理学会，Vol.44，No.7（2003-7）pp.733-739 [https://ipsj.ixsq.nii.ac.jp/ej/index.php?action=pages_view_main&active_action=repository_action_common_download&item_id=64793&item_no=1&attribute_id=1&file_no=1&page_id=13&block_id=8]

9) 中尾政之：失敗百選，森北出版（2005）

10) WorldWideWeb : Summary, Tim Berners-Lee, 1991-08-07 [https://groups.google.com/forum/#!msg/alt.hypertext/eCTkkOoWTAY/bJGhZyooXzkJ]

11) Wikipedia : World Wide Web（2015-09-13 閲覧）[https://en.wikipedia.org/wiki/World_Wide_Web]

12) 畑村創造工学研究所：失敗知識データベース [http://www.sozogaku.com/fkd]

13) 失敗学会 : 失敗年鑑 [http://www.shippai.org/shippai/html/index.php?name=nenkan]

14) 畑村洋太郎：図解使える失敗学，中経出版（2014）

15) 赤福：赤福の歴史（2015-11-01 閲覧）[http://www.akafuku.co.jp/about/history/]

16) Wikipedia：赤福餅（2015年11月1日閲覧）[https://ja.wikipedia.org/wiki/

赤福餅〕

17) 厚生労働省 中央労働災害防止協会：社会福祉施設における安全衛生対策マニュアル～腰痛対策とＫＹ活動～〔http://www.mhlw.go.jp/new-info/kobetu/roudou/gyousei/anzen/0911-1.html〕

18) 芳賀　繁・赤塚　肇・白戸宏明：1996「指差呼称」のエラー防止効果の室内実験による検証─産業・組織心理学研究, 9, 107-114

19) Air Force Says Stealth Fighter Crash Is Due to Missing Bolts, Times Wire Services, Los Angeles Times (1997)〔http://articles.latimes.com/1997/dec/13/news/mn-63565〕

20) 東海旅客鉄道：「関東運輸局への報告書の提出および関係者の処分について」, 2010 年〔https://jr-central.co.jp/news/release/_pdf/000011561.pdf〕

21) Wikipedia：ガーゼオーマ（2015 年 10 月 25 日閲覧）〔https://ja.wikipedia.org/wiki/ガーゼオーマ〕

22) How to build your creative confidence, David Kelley, TED, March (2012)〔https://www.ted.com/talks/david_kelley_how_to_build_your_creative_confidence〕

23) IDEO　Fact　Sheet　〔https://www.ideo.com/images/uploads/home/IDEO_Fact_Sheet.pdf〕

24) Stanford d.school, Our Team, Hasso Plattner〔http://dschool.stanford.edu/bio/hasso-plattner/〕

25) The Design Thinking Process, Stanford d. school〔http://dschool.stanford.edu/redesigningtheater/the-design-thinking-process/〕

26) Ken　Robinson：Do　schools　kill　creativity？, TED, February (2006)〔https://www.ted.com/talks/ken_robinson_says_schools_kill_creativity〕

27) About Alan Adler, Aerobie（2015-09-26 閲覧）〔http://aerobie.com/about-aerobie/about-alan-adler/〕

28) 畑村洋太郎：技術の創造と設計, 岩波書店 (2006)

29) 飯 野 謙 次 ： 御 巣 鷹 山 慰 霊 登 山 , 失 敗 学 会　 (2007)〔http://www.shippai.org/shippai/html/index.php?name=news271〕

30) 飯野謙次：御巣鷹山慰霊登山 II ─ そして,事故原因に関する新たな疑問, 失敗 学 会　 (2007)〔http://www.shippai.org/shippai/html/index.php?name=news672〕

31) 酒井崇男：「タレント」の時代, 講談社 現代新書 (2015)

32)「「海外」で勝つ」, Courier Japon, 2015 年 11 月号, 講談社

33) 小林　明：「世界で変身したカップヌードル，食文化の縮図」, 日本経済新聞

社 (2013)〔http://www.nikkei.com/article/DGXBZO57431050X10C13A
7000000/〕

34) Dr. Bernard Roth : Stanford University — Freudenstein Distinguished
Lecture — , March 30, Youtube (2012)〔https://www.youtube.com/
watch?v=RVBJDmA0SQY〕

35) The $20 Knee, The 50 Best Inventions of 2009, TIMES〔http://content.
time.com/time/specials/packages/article/0,28804,1934027_1934003_1933
963,00.html〕

36) Wikipedia：川喜田二郎（2015 年 10 月 13 日閲覧）〔https://ja.wikipedia.org/
wiki/川喜田二郎〕

37) 川喜田二郎：KJ 法－渾沌をして語らしめる，中央公論社（1986 年）

38) ホームページ：霧芯館 － KJ 法 教育・研修－（2015 年 10 月 13 日閲覧）
〔http://mushin-kan.jp/〕

39) Wikipedia：内燃機関（2015 年 10 月 18 日閲覧）〔https://ja.wikipedia.org/
wiki/内燃機関〕

40) Wikipedia：Syringe（2015 年 10 月 18 日閲覧）〔https://en.wikipedia.org/
wiki/Syringe〕

41) M. Nakao, K. Kusaka, K. Tsuchiya and K. Iino : Axiomatic Design Aspect of
the Fukushima‐1 Accident : Electrical Control Interferes with All
Mechanical Functions, ICAD‐2013‐17

42) E. Hollnagel and D. D. Woods : Joint cognitive systems : Foundations of
cognitive systems engineering, CRC Press（2005）

43) Axiomatic Design : Advances and Applications, Nam Pyo Suh, Oxford Univ.
Press（2001）

44) 車いす重量比較，ハンディのちから（2015 年 11 月 22 日閲覧）〔http://
handy-power.jp/disabled/wheelchair/hikaku/wc_hikakuweight.html〕

45) 南多摩保健医療圏地域リハビリテーション支援センター：車いすデータベー
ス（2015 年 11 月 22 日閲覧）〔http://www.c-rehab.com/wheelchair/auto/list.
asp〕

46) 国土交通省：ハンドル形電動車いすの仕様について（2015 年 11 月 22 日閲
覧）〔http://www.mlit.go.jp/kisha/kisha04/01/010108_2/04.pdf〕

47) 国土交通省：第 4 章 基本寸法等（2015 年 11 月 22 日閲覧）〔http://www.
mlit.go.jp/common/001029392.pdf〕

48) 建築基準法施行令，第二章 第三節『階段』，e-Gov〔http://law.e-gov.go.jp/
htmldata/S25/S25SE338.html〕

116　参考文献

49) Wikipedia：登山鉄道（2015 年 11 月 23 日閲覧）［https://ja.wikipedia.org/wiki/登山鉄道］

50) Wikipedia：ケーブルカー（2015 年 11 月 23 日閲覧）［https://ja.wikipedia.org/wiki/ケーブルカー］

51) 吉岡律夫・飯野謙次・淵上正朗：福島原発における津波対策研究会・報告書（命題 2：事故回避可能性），失敗学会（2015）［http://www.shippai.org/shippai/html/news862/Fukushima2.pdf］

52) Wikipedia：ジョージ・ケイリー（2015 年 11 月 29 日閲覧）［https://ja.wikipedia.org/wiki/ジョージ・ケイリー］

53) Wikipedia：ライト兄弟（2015 年 11 月 29 日閲覧）［https://ja.wikipedia.org/wiki/ライト兄弟］

54) Wikipedia：鳥人間コンテスト選手権大会（2015 年 11 月 29 日閲覧）［https://ja.wikipedia.org/wiki/鳥人間コンテスト選手権大会］

55) 国土交通省：中央自動車道笹子トンネル内で発生した崩落事故について（第 4 報［最終報］）（2012 年 12 月 7 日）［http://www.mlit.go.jp/common/000232270.pdf］

56) 国土交通省 トンネル天井板の落下事故に関する調査・検討委員会：トンネル天井板の落下事故に関する調査・検討委員会報告書（2013 年 6 月 18 日）［http://www.mlit.go.jp/common/001001299.pdf］

57) ACCIDENT REPORT NTSB/HAR-07/02 PB2007-916203, Ceiling Collapse in the Interstate 90 Connector Tunnel, Boston, Massachusetts, National Transportation Safety Board, USA, July 10（2006）［http://www.ntsb.gov/investigations/AccidentReports/Reports/HAR0702.pdf］

58) Wikipedia：Fault tree analysis（2015 年 12 月 5 日閲覧）［https://en.wikipedia.org/wiki/Fault_tree_analysis］

59) Wikipedia：Failure mode and effects analysis（2015 年 12 月 5 日閲覧）［https://en.wikipedia.org/wiki/Failure_mode_and_effects_analysis］

60) Wikipedia：笹子トンネル天井板落下事故（2016 年 1 月 5 日閲覧）［https://ja.wikipedia.org/wiki/笹子トンネル天井板落下事故］

61) 中日本高速道路(株)ホームページ：安全性向上 3 カ年計画の具体的な取組み状況（2016 年 1 月 5 日閲覧）［http://www.c-nexco.co.jp/corporate/safety/report/approach/］

62) 川崎重工業(株)ホームページ：トンネル換気設備（2016 年 1 月 5 日閲覧）［https://www.khi.co.jp/machinery/product/gas/tunnel.html］

索　引

ア　行

赤福 ································ 24
秋葉原 ······························ 82
アセンブリ ························ 58
アラン・アドラー（Alan Adler）·· 30
アル・ゴア（Albert Gore, Jr.）······· 9
アンカーボルト ···················· 86
意匠設計 ···························· 67
インターネット（Internet）········ 10
エポキシ接着剤 ···················· 87
エンジン ···························· 50
御巣鷹山慰霊登山 ·················· 38

カ　行

概念 ································ 52
概要 ································ 14
川喜田二郎 ························ 48
干渉設計 ···························· 67
管理強化 ···························· 25
キーフレーズ ···················· 13
消えた側面図 ···················· 33
機構要素 ·························· 57
軌跡間の類似性評価最大値 ········ 95
軌跡の類似性評価 ················ 93
機能領域 ·························· 55
機能提供 ·························· 40
教育訓練 ·························· 25
「距離」Dist（e_1, e_2）············ 91
グーグル先生 ···················· 11
組立て性 ···························· 5
車椅子 ···························· 68
経過 ································ 14
携帯電話 ·························· 45
原因 ························ 13, 15
工学尺度（EM：Engineering
　Metrics）······················ 69
構造の最小単位 ·················· 57
構造領域 ·························· 55

サ　行

公理的設計 ························ 67
顧客の声（VOC：Voice of
　Customer）······················ 69
顧客の身になって ················ 40
故障モード影響解析（FMEA：
　Failure Modes and Effects
　Analysis）······················ 88

笹子トンネル ···················· 86
サブ機能 ·························· 55
三角法 ···························· 33
三現主義 ·························· 38
三大無策 ·························· 25
視覚思考（Visual Thinking）······· 32
ジグザグ思考 ···················· 19
思考展開図 ························ 55
指差喚呼 ·························· 25
試作 ································ 80
事象 ································ 14
失敗学 ······························ 1
失敗学会 ·························· 18
失敗原因の分類 ·················· 13
失敗原因のまんだら ·············· 16
失敗事例記述 ······················ 8
失敗知識データベース ········· 9, 14
失敗年鑑 ·························· 18
失敗の軌跡 ························ 90
失敗の軌跡4ノード ·············· 94
失敗百選 ···························· 9
失敗まんだら ···················· 12
シナリオ ·························· 12
周知徹底 ·························· 25
情報スーパーハイウェイ
　（Information Superhighway）·· 10
人力飛行 ·························· 85
スタンフォード大学 ·············· 28
スタンフォード大学デザイン校 ··· 28
ステルス戦闘機 ·················· 27

118 索 引

スマートフォン ……………………… 45
成否評価 ……………………………… 23
製品要求機能 ………………………… 45
設計課題 ……………………………… 43
設計思考法 (design thinking) …… 28
創造的解決 …………………………… 27

タ 行

対策 …………………………………… 15
対処 …………………………………… 15
対処と対策 …………………………… 12
代表図 …………………………… 12, 21
縦流換気方式 ………………………… 107
種出し ………………………………… 48
知恵 …………………………………… 8
知識化 ………………………………… 15
注意力喚起 …………………………… 25
知力補完計画 ………………………… 97
デーヴィット・ケリー
　(David Kelley) …………………… 28
手書きイラスト ……………………… 29
テスト ………………………………… 82
テッド・ウィリアムズトンネル … 87
電気系統 ……………………………… 60
東海道新幹線 ………………………… 27
等角投影法 …………………………… 31
動詞句 ………………………………… 91
動詞句の階層 ………………………… 102
透視図法 ……………………………… 31

ナ 行

中尾政之 ……………………………… 9
斜投影法 ……………………………… 31
日本橋 ………………………………… 82

ハ 行

バーナード・ロス (Bernard Roth)
　……………………………………… 28
畑村洋太郎 …………………………… 9
発生地と発生場所 …………………… 12
非多様体 ……………………………… 33
フィーチャー ………………………… 57
ヒューマンファクター ……………… 61

フォルトツリー解析 (FTA : Fault
　Tree Analysis) …………………… 88
福島原発事故 ………………………… 59
ブッシュ大統領 (George H. W.
　Bush) ……………………………… 10
不便列挙 ……………………………… 43
プラスに転化 ………………………… 23
フラワーボックス …………………… 103
ブレーンストーミング (Brain
　Storming) ………………………… 48
プロトタイピング …………………… 80
ボストン ……………………………… 87

マ 行

名詞句 ………………………………… 91
名称 …………………………………… 14
モザイク (Mosaic) …………………… 9

ヤ 行

要素機能 ……………………………… 56
横流換気方式 ………………………… 107

ラ 行

ラッチレバー式自昇地階脱出
　トロッコ …………………………… 79
リコール ……………………………… 23
立体形状 ……………………………… 33
類似性 Sim (e₁, e₂) ………………… 92
レオナルド・ダ・ヴィンチ
　(Leonardo da Vinci) …………… 85
ロビンソン卿 (Sir Ken Robinson) 29

ワ 行

ワールド・ワイド・ウェブ (World
　Wide Web) ………………………… 10

英数字

4, 2, 1 の重み分布 …………………… 96
d. school ……………………………… 28
Hypertext Transfer Protocol
　(HTTP) …………………………… 10
KJ 法 (Kawakita Jiro 法) ……… 48
Tim Berners-Lee …………………… 9

あとがき

　インターネットの普及は，私たちの生活を劇的に変えた．所要の情報はすばやく手に入れることができるようになり，興味をそそられる情報もこちらに向けて押しかけてくるまでになった．しかし同時に，知的サービスを社会に提供する仕事に従事している者が「知っていなければならないこと」も増え，正しくあることへの要求レベルは高くなった．設計者も，そのような知的サービスを社会に提供しているプロフェッショナルである．さらには，「想定外」だったという言い訳も通用しない場面が増えている．

　世の中，工業製品の事故原因は，サービスマンの保守不良が多く，そのほかの事故は工業製品に限らず，現場の不注意に帰着されることが多い．しかし，人間の注意力に頼った保守手順，現場管理には限界がある．工業製品の場合，製品そのものが未熟なるがゆえに，人間の注意力があって初めてその機能を果たせるものが多い．

　設計の場合も，設計者がすべての不具合可能性を熟知していることはない．この問題を克服すべく，デザインレビュー（設計審査），FTA，FMEAといった手法が編み出されてきた．しかしどの手法をとっても，発見される問題点は，レビューする者も含めて設計に関わる人たちが持っている知見に限定される．この壁を打ち破ろうと，開発したのが知力補完計画である．

　本書では，そのための理論を開示したが，実際にこの手法の活躍をするには，以下の開発を進める必要があることを述べた．

1. 動詞句と名詞句の階層構造の定義
2. 失敗知識データベース事故事例に関する失敗の軌跡の同定
3. 失敗知識データベースの事例数増加

これらは，失敗知識データベースをホスティングしている畑村創造工学研究所と，失敗学会が協力して進めていく使命を負っている．今後の動向は，失敗学会ホームページの以下アドレスに公表していく予定である．

www.shippai.org/design/

2016 年 9 月

飯野 謙次

― 著者略歴 ―

飯野謙次 (いいの けんじ)

1984年	東京大学 大学院工学系研究科 修士課程修了
1984年	General Electric 原子力発電部門 入社
1992年	Stanford University 機械工学・情報工学博士号取得
1992年	Ricoh Corp. Software Research Center, Division Manager
2000年	SYDROSE LP 設立, General Partner 就任 (現職)
2002年	特定非営利活動法人 失敗学会 副会長
2009年	特定非営利活動法人 失敗学会 事務局長 兼務
2011年	東京大学 学術支援専門職員, 上智大学・九州大学 非常勤講師
2013年	消費者庁 安全調査委員会 専門委員

JCOPY ＜(社) 出版者著作権管理機構 委託出版物＞

2016
設計の科学
創造設計思考法

著者との申し合せにより検印省略

ⓒ著作権所有

定価 (本体1800円＋税)

2016 年 6 月 29 日　第 1 版第 1 刷発行

著 作 者	飯　野　謙　次
発 行 者	株式会社　養 賢 堂 代 表 者　及 川　清
印 刷 者	株式会社　真 興 社 責 任 者　福田真太郎

〒113-0033　東京都文京区本郷5丁目30番15号

発 行 所　株式会社 養賢堂

TEL 東京(03) 3814-0911 ｜振替00120
FAX 東京(03) 3812-2615 ｜7-25700
URL http://www.yokendo.co.jp/

ISBN978-4-8425-0547-3　C3053

PRINTED IN JAPAN　　製本所　株式会社真興社

本書の無断複写は著作権法上での例外を除き禁じられています。
複写される場合は、そのつど事前に、(社) 出版者著作権管理機構
(電話 03-3513-6969、FAX 03-3513-6979、e-mail：info@jcopy.or.jp)
の許諾を得てください。